第2回
CAR検
自動車文化検定

1級
2級 解答と解説
3級 全300問

CAR検で自動車知識を
ブラッシュアップ

　自動車文化検定〔Licensing Examination of Culture of Automobile and Road Vehicle（CAR検）〕は、日本初の本格的な自動車文化全般にわたる検定試験です。

　ヒストリー、テクノロジーはもちろんのこと、モータースポーツ、環境問題に至るまで、自動車に関する広汎な知識が問われます。

　自動車を愛するすべての人々にとって自分の知識のレベルを測る指標となります。また、自動車にかかわる仕事に従事する方にとっては、スキルを向上させるための道しるべとなるでしょう。

　第1回は2007年10月14日に、東京・大阪・名古屋の3都市において、2級および3級について実施され、のべ4000人の受験者がありました。

　続く2008年7月14日には、東京・大阪・名古屋・札幌・福岡の5都市において第2回が実施され、のべ3000人が受験しました。合格率と平均点は、3級が86％（79.1点）、2級が40％（66.3点）、1級が46％（68.9点）でした。

　本書では、第2回で出題された3級・2級・1級の全問題と解答を収録し、さらに詳細な解説を加えています。CAR検受験の準備にお役立てください。

自動車文化検定委員会

CAR検公式サイト
http://car-kentei.com/

クルマを知れば、世界がわかる

第2回

CAR検
自動車文化検定

1級 2級 3級 解答と解説 全300問

自動車文化検定委員会編

Contents 目次

3級　出題問題と解答 …………………………… 5

2級　出題問題と解答 …………………………… 107

1級　出題問題と解答 …………………………… 209

CAR検 3級 概要

出題レベル
クルマが好き、運転が大好き、
クルマを見るとすぐに車名が出てくる初級者

受験資格
クルマを愛する方ならどなたでも。
年齢、経験などに制限はありません。

出題形式
マークシート4者択一方式100問。
100点満点中70点以上獲得した方を合格とします。

Question 001

このキャラクターは何か。

① ビバンダム
② ピーポ君
③ せんと君
④ 包帯おじさん

>>解説

1898年にミシュランのタイヤを宣伝するポスターに登場したキャラクターは、「高く積み上げたタイヤに手足を付けたら」というアイディアから生まれた。ポスターでは Nunc est Bibendum！（ラテン語で「今こそ、飲み干す時！」）のキャッチフレーズとともに、釘や割れたガラスを入れたグラスを掲げ、タイヤの強さをアピールしていた。そのキャッチフレーズがビバンダムという名前の由来となっている。

>>答え ①

>>ポイント

広告宣伝キャラクターとして100年あまりの歴史を持つビバンダム。その名は宣伝文が由来。『ミシュラン』はレストランの格付け本の版元としても知られるが、そのルーツはタイヤの販促品として編集された旅行ガイドである。

Question 002

クルマの排出ガスの中で、地球温暖化のもっとも大きな原因となっているとされる物質は何か。

① 硫化水素
② 酸化水素
③ 一酸化炭素
④ 二酸化炭素

>>解説

地球温暖化の要因として挙げられているのは、人為的な温室効果ガスの放出だ。二酸化炭素の温室効果は、同じ体積あたりではメタンやフロンに比べ小さいが、排出量が莫大であることから、地球温暖化の最大の原因とされている。そこでガソリンや軽油などの化石燃料を用いる自動車が排出する、二酸化炭素の削減が急務となった。エンジンの省燃費化が図られると同時に、化石燃料を使わない電気自動車や水素自動車、カーボン・ニュートラルという見地から植物を原料とするバイオ燃料などの開発が積極的に行われるようになった。

>>答え ④

>>ポイント

発生した膨大な量の二酸化炭素は地球の上空に溜まり、地上からの熱が宇宙へと拡散することを防ぐ。これが温室効果ガスと呼ばれるゆえんだ。

Question 003

急激な強いブレーキングによるタイヤのロックを防ぐ装置はどれか。

① ABC
② ABS
③ ABM
④ AWD

>>解説

ABS（Antilock Brake System）は、凍結路面などの滑りやすい状況のもとでブレーキをかけた場合、タイヤがロックしないようにコントロールするシステムだ。タイヤがロックすると制動距離が延びるだけでなく、方向安定性が乱れたり、時にはスピン状態に陥り、道路から飛び出してしまうこともある。ブレーキを断続的に踏むポンピングブレーキでロックを防ぐこともできるが、この動作を人間に代わりコンピューターで制御するのがABSだ。タイヤがロックすると自動的にブレーキを緩め、転がり出すとブレーキをかけることにより、タイヤが最大限の摩擦力を発揮できるようにする。

>>答え ②

>>ポイント

ABSの開発は鉄道用車輌が最初で、1964年に開業した東海道新幹線に最初に使われた。クルマの場合ではドイツのボッシュがよく知られている。アルファベット3文字で構成される部品名は少なくない。問題にも出されることがあるが、その"フルネーム"を覚えておけば簡単に解けるものが多い。

Question 004

燃料電池車が排出する物質は何か。

①水素
②炭素
③酸素
④水

>>解説

燃料電池（Fuel-Cell）は、物質が持つ化学エネルギーを直接電気エネルギーに変換する装置で、電池というより発電器だ。水の電気分解と逆の要領で、水素と酸素を反応させて電気をつくりだす。したがって排出されるのは水だけということになる。燃料に使う水素と酸素はいくらでも存在し、大気汚染の心配が皆無なことから、化石燃料に代わるクリーンなエネルギーとして注目されている。クルマに用いて電気自動車とすれば、大きく重いバッテリーを積む従来型電気自動車の欠点を克服することができる。現時点で普及を阻んでいる最大の問題点は、水素の供給と運搬方法、そしてコストだ。

>>答え ④

>>ポイント

ホンダは北海道洞爺湖サミットの環境ショーケースに、新型燃料電池車「FCXクラリティ」の日本仕様車を提供した。2008年11月から官公庁および一部の民間企業へのリース販売が始まっている。

Question 005

「ダッシュボード」と同じものを指す言葉はどれか。

①センターコンソール
②インストゥルメントパネル
③バンパー
④フェンダー

3級

>>解説

ダッシュボードとは、クルマの起源である馬車に備えられた、御者が馬車から振り落とされぬよう足を"踏んばる"、泥除け板のこと。馬車の形に近かった黎明期のクルマでは、このダッシュボードの上方に計器やコントロールを備えていた。やがてクルマの形状も変化して、専用の計器板、すなわちインストゥルメントパネル（計器板）が装着されるようになった。よってダッシュボードとインストゥルメントパネルは同義語である。

>>答え ②

>>ポイント

インストゥルメントパネル、ダッシュボードをそれぞれインパネ、ダッシュなどと略していう場合もあるが、語源を覚えていれば、この問題は簡単だ。

Question 006

ホンダ S500 が発売された 1963 年に、すでに販売されていたクルマはどれか。

① トヨタ・スポーツ 800
② 日産セドリック
③ マツダ・コスモ・スポーツ
④ いすゞ 117 クーペ

>>解説

日産セドリックが登場したのは 1960 年。トヨタ・スポーツ 800 の発売は 1965 年、マツダ・コスモ・スポーツは 1967 年、いすゞ 117 クーペは 1968 年。日産セドリックは、日産が 8 年間にわたるオースチンとの提携によって学んだ技術を盛り込んだ、まったく新しい小型乗用車だった。

セドリックとは、イギリス生まれのアメリカの小説家であるバーネット夫人が記した小説『小公子』(Little Lord Fauntleroy、1886 年)の主人公である少年の名。現在はフーガという名で呼ばれている日産の高級サルーンのルーツが、このセドリックだ。

>>答え ②

>>ポイント

セドリック以外の選択肢はすべてスポーツモデル。日本ではクルマはまず社用車、そしてファミリーカーと行き渡っていった。その流れを理解していれば、答えを推測できる。

Question 007

200キロメートル走って燃料を30ℓ消費したとし、その燃費を求めよ。

① 3.3km/ℓ
② 6.6km/ℓ
③ 9.9km/ℓ
④ 11.1km/ℓ

>>解説

ごく簡単な割り算で算出できる。200km走るのに使ったガソリンが30ℓということは、200km÷30ℓで、6.66km/ℓとなる。
日本ではkm/ℓという燃費表示を使うが、ヨーロッパでは100kmを走るためにはどれだけの燃料（ℓ）を使うのかという表示を使う。

>>答え ②

>>ポイント

○km/ℓだけでなく、△△ℓ/100kmの表記に慣れておくことも必要だろう。この問題をℓ/100kmで表記すると、15ℓ/100kmとなる。アメリカなどのフィートやポンドを使う国では1ガロン（3.785ℓ）で何マイル（1マイル＝1.609km）走るか、すなわちmpgで表記している。

Question 008

ポルシェ911のコードネームではないものはどれか。

① 928
② 964
③ 993
④ 997

>>解説

1960年代に空冷エンジンモデルのリアエンジン車（911、912）とミドエンジン車（914）を生産車のラインナップとして造り続けてきたポルシェは、1970年代の後半に、水冷エンジンをフロントに搭載した2つのモデル、924と928を相次いで発売した。そのうちの928は、1977年にデビューした水冷V8エンジンを搭載したフラッグシップモデル。② 964、③ 993、④ 997は1989年以降に使われた911のコードネーム。

ポルシェ928

>>答え　①

>>ポイント

911がデビューしたときには901と名乗ったが、真ん中が0の三桁数字を商標登録していたプジョーの抗議によって911と改名したのは有名な話だ。1963年に発表され、40年以上もの長寿をほこるモデルゆえ、「996から水冷化された」というように、ポルシェ・フリークはモデル世代ごとにつけられているコードネームで呼ぶことが多いようだ。

Question 009

自動車の大量生産・大量消費社会の幕開けとなったといわれる「T型」を作った自動車会社はどれか。

①オールズモビル
②フォード
③クライスラー
④ビュイック

>>解説

ヘンリー・フォードがアメリカの庶民のためのクルマとして 1908 年に発表したのが有名なモデル T（T型）だ。大量生産による価格の引き下げがさらなる需要を拡大し、1908 年から 1927 年までの 19 年間に生産されたモデル T は、合計 1500 万 7033 台にも達した。

フォード・モデル T

>>答え　②

>>ポイント

T型フォードの生産累計が約 1500 万台という数字と、この記録を抜いたのは、フォルクスワーゲン・ビートルという事実は覚えておきたい。なお①のオールズモビルは 1901 年に 425 台のカーヴドダッシュを生産し、数ははるかに小さいが、T型に先駆けてアメリカ初の大衆車量産記録を樹立している。

Question 010

アメリカの「ビッグスリー」に含まれないのはどれか。

① GM
② フォード
③ スチュードベーカー
④ クライスラー

>>解説

米国では GM、フォード、クライスラーの3社が市場を寡占してきたため、この3社を指して「ビッグスリー」としてきた。選択肢のなかでは唯一スチュードベーカーは3社のグループに属さない独立系のメーカーである。スポーティで個性的なデザインのクルマ造りで人気があったものの、3大メーカーの前には抗しきれず、1966年に消滅した。

>>答え ③

>>ポイント

近年では3メーカーの低迷から日本メーカーにその牙城を崩されたため、「デトロイト・ビッグスリー」とする場合もある。2008年9月のリーマンショックによって、さらにその世界的な地位が揺らいでいる。2009年4月30日、クライスラーは（米連邦破産法11条の適用を申請して）経営破綻した。イタリアのフィアットと提携して経営の立て直しを図ることになった。

Question 011

日本の大衆車時代を象徴する出来事として語られる「BC戦争」。「BC」とは何を指すか。

① バイオ／CO_2
② Be-1／カプチーノ
③ ブルーバード／コロナ
④ bad／correct

>>解説

1960年代半ばから、日産のブルーバード（B:Bluebird）とトヨタのコロナ（C:Corona）という日本を代表する小型大衆車の間で繰り広げられた激しい販売合戦を、それぞれの頭文字をとってBC戦争といった。1963年に登場したブルーバード410型と、1964年に登場した3代目コロナT40型では、この3世代目でコロナが初めて宿敵であったブルーバードを販売台数で抜き、トップに立った。追う立場となった日産は、1967年に510型を投入、トヨタはT80系でこれに抗し、激しい戦いは次世代へと引き継がれた。

ブルーバード（410型）

コロナ（T40型）

>>答え ③

>>ポイント

この日産vsトヨタの販売合戦は、その下に位置するサニーとカローラの間でも繰り広げられたが、こちらは終始、カローラが優勢だった。

Question 012

次のサーキット図のうち、ツインリンクもてぎを表しているのはどれか。

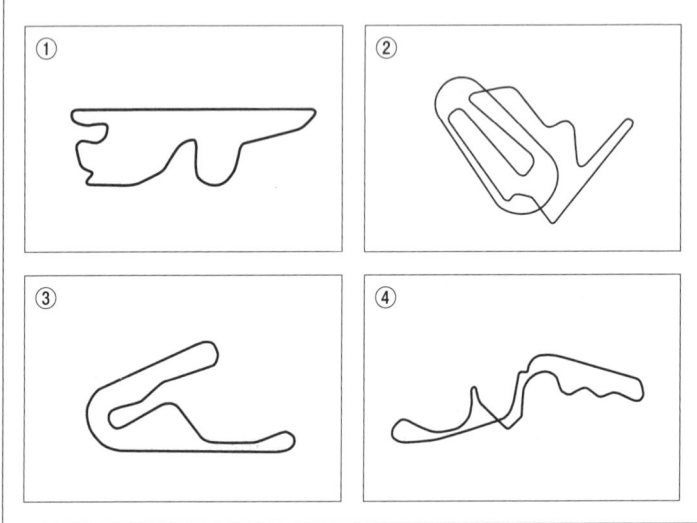

>>解説

②がツインリンクもてぎ。インディーシリーズを開催できるオーバルトラックと欧州スタイルのロードコースを併せ持っていることが特徴。①はトヨタ自動車の傘下に入り大幅なコース改修を受け、特にヘアピンの立ち上がり以降が大きく変わった富士スピードウェイ。③は筑波サーキット、④は立体交差が特徴の鈴鹿サーキット。

>>答え ②

>>ポイント

ここに挙げた国内主要サーキットのレイアウトは、あまりモータースポーツに興味がなくとも、特徴とともに覚えておきたい。

Question 013

一般的に「コネクティングロッド」と呼ばれるパーツは、どこに使われているか。

① サスペンション
② エンジン
③ トランスミッション
④ ブレーキ

>>解説

ここでいうコネクティングロッド（connecting rod）とは、ピストンとクランクシャフトを繋ぐエンジンのパーツで、日本語では連接棒といい、ピストンの往復直線運動を回転運動へ変換する。

コネクティングロッドとピストン

>>答え　②

>>ポイント

エンジンの中でも常に過酷な条件下に晒されている部品。潤滑不良になるとベアリングが焼き付きを起こし、オーバーレブによって過大なストレスが掛かると、コネクティングロッド（略してコンロッドともいう）は折れることがある。ちなみにコンロッドが折れてエンジンブロックを突き破ってしまった状態を、俗に「足を出した」という。

Question 014

「ブレーキ」を日本語で表したものはどれか。

①懸架装置
②操舵装置
③変速装置
④制動装置

>>解説
①の懸架装置はサスペンション。②の操舵装置はステアリング機構。③の変速機構はトランスミッション。漢字のほうがその機構が何を行うものか分かりやすい。緩衝装置はショックアブソーバー。

>>答え ④

>>ポイント
こうした日本語表記はカタログの諸元などでよく見かけるから、決して難しい問題ではないはず。

Question 015

オープンカーを表す言葉でないものはどれか。

① ロードスター
② エステート
③ カブリオレ
④ スパイダー

>>解説

オープンカーには国（言語）やボディの形状により様々な名称がある。この中では②のエステートがワゴンタイプを表すクローズドボディで、そのほかはすべてオープン・ボディだ。このほかオープンカーを示す言葉には、ドロップヘッド・クーペ（DHC）や、コンバーティブル、デカポタブル、ロードスターなどがある。特殊なものではタルガトップなどもある。

>>答え ②

>>ポイント

その国により様々ないい方があるが、カブリオレといえばドイツ車を連想させ、クローズドボディと遜色のない耐候性を備えた幌を備えた車というイメージがある。一方、スパイダーといえば、イタリア車で幌はごく簡単なモデル、コンバーティブルといえばアメリカ車を連想する人もいるはず。日本の車検証では「幌型」だ。言葉によって同じオープンでも細かく分けられる。

Question 016

この図の中で、「吸入」の行程を示すのはどれか。

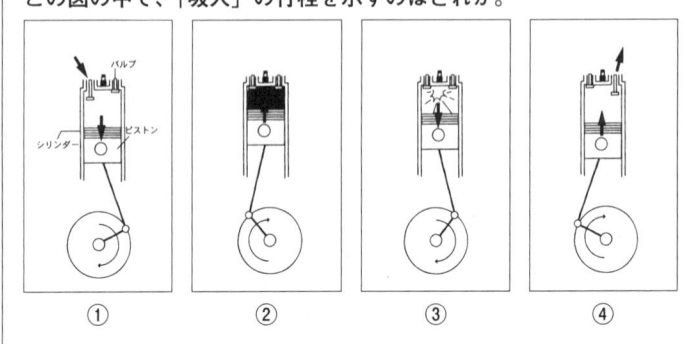

>>解説

4ストロークエンジンの行程を示すこの図は見慣れているだろう。①には吸入バルブが開いてピストンが下降するにしたがい混合気がシリンダー内に入り込んでいく様子が描かれている。②が圧縮行程、③が燃焼行程、④が排気行程だ。

>>答え ①

>>ポイント

各行程のどれかひとつだけ提示されていても、吸入、圧縮、燃焼、排気の状態を読み取ることができれば完璧だ。

Question 017

ホンダCVCCエンジン誕生のきっかけにもなった、アメリカで1970年に改定された大気汚染防止のための法律の通称名はどれか。

①マスキー法
②ジム・クロウ法
③アメリカ合衆国憲法修正第14条
④スーパー301条

>>解説

アメリカで1970年12月に改定された、大気汚染防止法の通称名がマスキー法（Muskie Act）だ。正式名は大気浄化法改正案第二章だが、エドムンド・マスキー上院議員が提案したことから、この通称名で呼ばれる。1975年以降に製造する自動車の排出ガス中の一酸化炭素（CO）、炭化水素（HC）の排出量を1970～71年型の1/10以下に、さらに1976年以降の製造車では、窒素酸化物（NOx）の排出量を1970～71年型の1/10以下にすることを義務づけ、達成できないクルマは猶予期間以降の販売を認めないとした。さらに1972年と76年にNOxの規制強化が決まっていた。当時、世界で最も厳しい排ガス規制で、北米を筆頭にした自動車メーカーの猛反発にあった。

>>答え　①

>>ポイント

マスキー法についての出題があれば、必ず1972年に日本のホンダがCVCCエンジンによってクリアした話題が出てくるはずだ。

Question 018

いすゞ自動車がかつてノックダウン生産していたモデルは何か。

① オースチン A40
② ヒルマン・ミンクス
③ ルノー 4CV
④ ジープ

>>解説

第二次大戦で乗用車生産から遠ざかっていた日本の自動車産業は、欧米との技術格差を埋めようと、海外のメーカーと技術提携し、1953（昭和28）年には、日野、日産、いすゞの3社が海外メーカー車の生産を開始した。いすゞ自動車が選んだのはイギリスのルーツのヒルマンであった。1957（昭和32）年10月には、本国のモデルチェンジに従い、完全に国産化したヒルマンを発売した。

1953年いすゞヒルマン

1958年いすゞヒルマン

>>答え ②

>>ポイント

日野ヂーゼル工業（現：日野自動車工業）がルノー 4CV、日産がオースチン A40 サマーセットと A50 ケンブリッジを生産している。乗用車ではないが、新三菱重工業（後に分社して三菱自動車工業）が、1953年にウィリス・ジープの組み立てを開始した。

Question 019

メルセデス・ベンツの「メルセデス」とは何のことか。

① ドイツのレーシング・ドライバー
② ローマ神話の神様
③ 「上質」を表すラテン語
④ 女性の名前

>>解説

オーストリア・ハンガリー帝国の領事で政商であったエミール・イェリネックは、1901年にダイムラー・モトーレン社製のクルマを購入、その品質に感銘を受けた彼は、オーストリアとその周辺での販売権を獲得することにした。彼はダイムラーというドイツ語の音感が堅すぎると考え、娘のメルセデスの名を付けることを提案。ダイムラー社はメルセデスを商品名として正式に登録した。

メルセデス・イェリネック

>>答え ④

>>ポイント

ダイムラーがマイバッハとともに完成させた"メルセデス"車は、梯子型フレームのフロントにエンジンを搭載。半楕円リーフスプリングのサスペンション、ハニカム式ラジエター、丸型ステアリングホイール、トップギアが直結の変速機など、これ以降に現れた自動車の範となった。

Question 020

「ショックアブソーバー」と同義の言葉はどれか。

①シンクロナイザー
②マフラー
③バルブステム
④ダンパー

>>解説

ショックアブソーバーは、バネを用いて振動や衝撃を緩衝する機構で、その周期振動を緩和・収束するために使用される機器。自動車ではサスペンションに用いられる。ダンパー、ダッシュポット、制振器とも呼ばれる。ショックアブソーバーを備えたバネは、それを用いない場合と比較すると、入力に比べてストロークが小さく、また振動をすばやく収めることができる。路面の不整に対して乗り心地を向上させることができるほか、加減速時やコーナリング時の姿勢を安定させる効果もある。

>>答え ④

>>ポイント

ショックアブソーバーの能力が落ちると、揺れが激しくなるなど姿勢変化が大きくなって乗り心地が不快になる。

Question 021

パンクをしても一定の距離を走り続けることができるタイヤのことを何と呼ぶか。

①バイアスタイヤ
②ランフラットタイヤ
③スリックタイヤ
④ラジアルタイヤ

>>解説

パンクやバーストなどで急激にタイヤから空気が失われても、車体の挙動が乱れにくく、そのまま一定の速度で走り続けることのできるタイヤをランフラットタイヤと呼ぶ。安全なうえ、スペアタイヤを搭載する必要がないことから、省資源、軽量化、室内空間が有効利用できるので、採用するモデルは増える傾向にある。

>>答え ②

>>ポイント

BMWはランフラットタイヤの装着に熱心なメーカーのひとつだ。

Question 022

高速道路の利用料金を自動で精算するシステムはどれか。

① ETC
② ECT
③ EPS
④ ESP

>>解説

有料道路を利用する際、料金所で停車することなく、料金の収受を行うシステムを ETC (Electronic Toll Collection System) という。ETC 装着車に限って行なわれる通行料の割引制度のほか、高速道路の本線上またはサービスエリア、パーキングエリア、バス停車場に設置されている ETC 専用のインターチェンジである「スマートインターチェンジ」も導入(社会実験中)されつつあり、ETC の利便性は今後ますます高められるだろう。

>>答え ①

>>ポイント

ETC がないと通行料割引制度の恩恵が受けられないため、道路料金値下げにともない、普及が進む一方で、通過ゲートでの追突事故という問題が発生している。

Question 023

フットブレーキを使わず、ギアを落として速度を低下させる方法を何というか。

① 回生ブレーキ
② インジェクションブレーキ
③ エンジンブレーキ
④ 手動ブレーキ

>>解説

エンジンブレーキは、スロットルペダルを踏まず、車輪の回転でエンジンを回し、その回転抵抗を利用して減速する手法だ。車輪から伝わってくる力による回転数がアイドリング回転数を上回った場合、その差が抵抗となってブレーキとして働くので、トランスミッションのギア位置が低速ギアであるほど強く効く。エンジンブレーキの元となる抵抗は、大半が吸排気抵抗で、摩擦抵抗が占める割合は少ない。

>>答え ③

>>ポイント

坂道の下りでフットブレーキにばかり頼っていると、ブレーキが加熱して効きが悪くなるので、長い坂道ではエンジンブレーキの使用が推奨されている。また、レースなど高速走行では、コーナーの手前でシフトダウンして、制動力を補助する。

Question 024

「SUV」は何の略称か。

① スペシャル・アップグレード・ビークル
② スポーツ・ユーティリティ・ビークル
③ スペース・アンビリーバブル・ビークル
④ スタイル・アッパー・ビークル

>>解説

SUV とは Sport Utility Vehicle（スポーツ・ユーティリティ・ビークル）の略で、「スポーツ多目的車」と訳される。明確な分類基準があるわけではないが、一般の乗用車と比べて車高と最低地上高が高く、ワゴン型のボディを備えている。必ずしも四輪駆動である必要はないが、市街地から未舗装路までの広い行動範囲を備えたクルマといえる。アメリカやヨーロッパでは、SUV を所有するオーナーはカントリーサイドに別荘を構えるというイメージがあり、一種のステータス・シンボルとなっている。

>>答え　②

>>ポイント

SUV とは比較的新しい言葉だが広く定着した。こうした形態のクルマはジープ・ワゴニアなどの先例があったが、世界的なブームの火付け役となったのは、レンジローバーだろう。いかにもオフローダーという硬派のイメージは薄く、都市型のデザインが SUV の特徴だ。

Question 025

この標識の意味は何か。

①一方通行
②一方通行解除
③優先道路
④停止線

>>解説
標識は誰にも一瞬で識別できるようにデザインされている。横方向に走る道が細いのに対して、縦方向に走る道が太く、矢印になっているデザインで、優先道路を表す。

>>答え ③

>>ポイント
ドライバーなら道路標識はすべて覚えておかなければならないが、あまり見かけない物は忘れがちだから要注意。

Question 026

安全に関して、正しい記述はどれか。

①エアバッグを装備していれば、シートベルトは必要ない
②ブレーキペダルを踏み込んで膝に少し余裕があるほうがいい
③ハンドルは手をまっすぐに伸ばしてギリギリ届く位置がいい
④ヘッドレストに頭をもたせかけてリラックスして運転するのがいい

>>解説
これらの4項目の中で、安全かつ的確にドライブするために必要なのは、②の「ブレーキペダルを踏み込んで膝に少し余裕があるほうがいい」だけだ。エアバッグはシートベルトをしていることが前提の安全装置である。

>>答え　②

>>ポイント
腕が伸び過ぎているとステアリングを回せなくなったり、視野の確保が困難になるなど、姿勢が正しくないと的確な操作ができなくなるので危険だ。

Question 027

タイヤの空気圧が低下すると起きる現象として正しいものはどれか。

①操縦安定性がよくなる
②燃費が悪くなる
③キビキビ走る
④コーナリングスピードが上がる

>>解説

タイヤの空気圧が下がったままの状態で走ると、転がり抵抗が増えて燃費が低下する。ステアリングのレスポンスが鈍くなったり、ブレーキの効きが悪くなったり、走行性能が低下をまねく。ひどいときにはタイヤがリムから外れたり、タイヤ自体の寿命を縮める。とにかく何もいいことはない。

>>答え ②

>>ポイント

雪道や泥濘地から脱出するときには、意識的にタイヤの空気を抜いて対処することもある。

Question 028

フォルクスワーゲンの「ビートル」は通称だが、正式名称は何か。

① バグ
② ゴルフ
③ タイプ1
④ A型

>>解説

1938年にドイツでフォルクスワーゲンと呼ばれる国民車が誕生した。設計はフェルディナント・ポルシェ博士。戦中は一般には販売されなかったが、1945年になってようやくその生産にこぎつけた。1950年にビートルをベースとしたフルフロンテッド型ボディ車(デリバリーバン、マイクロバス、トラック)が登場すると、ビートルをタイプ1、後者をタイプ2と呼ぶようになった。

>>答え ③

>>ポイント

VWビートルについては、生産台数、設計者など様々な設問が設けられる可能性がある。それだけ偉大なクルマということだ。

Question 029

クルマがカーブを曲がるときにロールを防ぐための部品はどれか。

① クランクシャフト
② スタビライザー
③ バルブステム
④ LSD

>>解説
ロールを防ぐスタビライザー(Stabilizer)は、独立懸架において左右のサスペンションをトーションバーで連結する部品だ。左右のタイヤの高さが大きく変わった時にだけバーが捩れることで、その復元力により車体の傾きを抑える。これに対して、左右両方のサスペンションが同一方向にストロークする際には捩れが発生しない。

>>答え ②

>>ポイント
スタビライザーはアンチロールバー、スウェイバーとも言われる。

Question 030

クルマを動かす燃料でないものはどれか。

①軽油
②ガソリン
③バイオエタノール
④灯油

>>解説

ここに挙げた燃料を使う内燃機関はどれも存在する。ディーゼル・エンジンは軽油と性質の近い灯油で運転することが可能だが、軽油と灯油は潤滑性などが異なる。また、軽油には自動車で使うことを前提に軽油取引税が課されているため、自動車の燃料に灯油を用いると脱税になり、処罰される。軽油の価格が引き上げられると、燃料費を節約しようと灯油を使う犯罪が頻発する。

>>答え ④

>>ポイント

バイオエタノールや、ディーゼル・エンジンにかかわる問題も出題されるので、それらの特徴はチェックしておきたい。

Question 031

「高齢運転者標識（もみじマーク）」の配色で正しい組み合わせはどれか。

①左黄色、右緑色
②左緑色、右黄色
③左橙色、右黄色
④左黄色、右橙色

>>解説

高齢運転者標識とは道路交通法に基づく標識。木の葉のような形状で、左が橙色、右が黄色に塗り分けられ、初心者マーク（若葉マーク）に対して紅葉のように見えることから、もみじマークの通称で呼ばれる。70歳以上のドライバーが普通自動車を運転する際には表示することが努力義務とされている。なお 2008 年 6 月の改正道路交通法の施行で 75 歳以上にもみじマークの表示が義務化され、違反すると 4000 円の反則金と違反点数 1 点が科されることになった。しかしその後、半年で見直しされて努力義務となり、マークを付けていなくてもドライバーに罰則は適用されないことになった。

>>答え　③

>>ポイント

高齢者を保護する目的なので、周囲の運転者はこの標識を掲示した車両を保護しなければならず、あおり行為や幅寄せなどをしてはいけない。違反者は高齢運転者等保護義務違反に問われる。

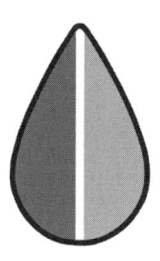

Question 032

次のうち、サスペンションの機能でないものはどれか。

①ロールを抑制する
②衝撃を吸収する
③速度を維持する
④操縦安定性を確保する

>>解説
サスペンション (Suspension) は緩衝装置ともいわれ、クルマでは路面の不整をシャシーに伝えないようにする。もう一つの重要な機能は、タイヤを路面状況に対して最適な状態に置くことで、操縦安定性や乗り心地に大きく影響する。

>>答え　③

>>ポイント
サスペンションの優劣がクルマの全体の評価に直結するといっても過言ではない。

Question 033

「ボクサーエンジン」とは何を指すか。

①アルミニウム製エンジン
②過給器付きエンジン
③省燃費エンジン
④水平対向エンジン

>>解説

偶数のシリンダーを持つ多気筒エンジンで、シリンダー・ピストンのセットが互いに向き合うように水平に配置（水平対向）されている機構。向かい合ったシリンダーのクランクの位相が180°で、ピストンの動きがボクサー同士の打ち合うパンチをイメージさせることから、ボクサーエンジンと呼ばれた。これに対して、同じ水平対向型でも、対向する2本のシリンダー内のピストンが同じ方向に動く180°V型も存在するが、現在は後者も混同してボクサーと呼ばれている。前者のエンジンでは、左右のバンクで位相を180°ずらしたクランクを用いることから、機構が複雑になり重量とサイズが嵩張るため、多気筒モデルでは後者のような180°V型エンジンが多い。フェラーリBBのフラット12気筒はこれだ。

>>答え ④

>>ポイント

水平対向型はエンジンが平らなことから、フラット・エンジンとも呼ばれる。

Question 034

1955年に通産省が計画したモータリゼーションのプランの名はどれか。

①国益奨励プラン
②国産車倍増計画
③国民車構想
④自動車高度成長試案

>>解説

1955（昭和30）年5月に発表された"国民車構想"は、当時の日本の経済状況を考えれば時期尚早な計画に思われた。だが、これにより遠い存在であったクルマが少し身近に感じられるようになり、庶民は"マイカー"を持つことが手の届く夢になった。また、自動車会社も構想に沿った"国民車"を意識したクルマの開発が課題になった。その内容の要旨は「乗車定員4人または2人で100kg以上の荷物が載せられること。最高時速は100km以上であること、そして時速60km（平坦な道路）で30km/ℓの燃費性能が可能なこと。排気量が350cc〜500cc、車重400kg、価格は月産2000台で25万円以下」などだった。

>>答え ③

>>ポイント

"国民車構想"は日本の自動車史の中で重要なできごとだ。この構想に沿って誕生したクルマの代表的な一台が富士重工のスバル360だ。国民車構想は実現の難しい、いわば机上の空論に終わりかねないアイディアだったが、富士重工はその理想を追い求め、見事に具体化してみせた。

Question 035

次のうち、ホンダが生産した軽自動車はどれか。

① R360
② N360
③ K360
④ R-2

>>解説

1966年の第13回東京モーターショーで、ホンダはN360と名付けた軽自動車を発表した。二輪メーカーとして世界を席巻したホンダは、これ以前にもT360トラックを手始めにS500などのスポーツカーを手掛けて四輪車市場に参入を果たしていたが、N360こそ同社が本格的に四輪車に進出するための戦略商品で、ホンダのその後の運命を決定づける1台であった。31psという当時の軽自動車の水準からは驚異的な高出力を発生する、空冷2気筒SOHC360ccエンジンをフロントに搭載した前輪駆動車で、BMCミニを連想させる2ボックス型のボディを備え、それまでの軽自動車にはない若々しいイメージが大きな話題となって大成功を収めた。

ホンダ N360

>>答え ②

>>ポイント

N360は二輪メーカーとして世界を席巻したホンダにとって本格的に四輪車に進出するための戦略商品であった。

Question 036

1970年代に問題になった公害で、自動車の排ガスが大きな原因となったといわれる「○○○スモッグ」。○○○の部分に入るのは何か。

① 生化学
② 光化学
③ 生理学
④ 物理学

>>解説

1970年7月、東京都杉並区にある高校のグラウンドで運動中の女子生徒が、涙が出る、目がチカチカする、喉が痛い、咳が出るなどの症状を訴えて19人が次々に倒れ、同校生徒や周辺住民など計43人が病院に運ばれた。新宿区にある大気汚染測定所の測定機が、高いオキシダント濃度を示していたことによって、光化学スモッグと断定された。「光化学スモッグ」という耳慣れない新種の公害が原因と報じられ、社会に大きな衝撃を与えた。

>>答え ②

>>ポイント

光化学スモッグは石油系燃料が燃焼することによって生じるため、クルマが多く、空気が乾燥しているロサンゼルスで深刻な被害が発生した。そのためロサンゼルス型スモッグとも呼ばれた。

Question 037

一般的な乗用車で、タイヤ1本が路面と接地している面積はどのくらいか。

① 500円玉1枚
② 切手1枚
③ ハガキ1枚
④ 週刊誌1ページ

>>解説

一般的な乗用車の場合、1本のタイヤの接地面はほぼハガキ1枚ほどの面積だ。これだけの面積でクルマは路面と接し、「走る」、「曲がる」、「止まる」わけだ。

>>答え　③

>>ポイント

クルマがたったハガキ4枚の大きさで接地してその動きを制御していることを考えれば、タイヤの状態が安全に大きく係わっていることが理解できよう。常にタイヤの空気圧や減り具合を確認することが大事だ。

Question 038

ガソリン・エンジン車やディーゼル・エンジン車でブレーキを踏むと、走行エネルギーは何に変換されるか。

①化学エネルギー
②熱エネルギー
③光エネルギー
④弾性エネルギー

>>解説
自動車に限らずブレーキをかけると、走行エネルギーは熱エネルギーに変換される。「ある閉じた系の中のエネルギーの総量は変化しない」という、「エネルギー保存の法則」または「熱力学第一法則」と呼ばれる物理学の基本法則である。いかに効率よく熱を発散させるかでブレーキの性能が決まるといっても過言ではない。

>>答え ②

>>ポイント
長い坂道を下るときフットブレーキに頼りすぎると、ブレーキが激しく加熱するのは、それだけブレーキが走行エネルギーを消費しているということだ。

Question 039

前輪駆動のクルマに関して正しい記述はどれか。

① アンダーステアになりやすい
② フロアをフラットにできない
③ 車高が高くなりやすい
④ 燃費が悪くなりやすい

>>解説

現在の前輪駆動車では、通常では極端なアンダーステア傾向を示すクルマはまずないが、操舵と動力伝達を兼ねている構造上、アンダーステア傾向になることは否めない。

アンダーステアとはクルマのステアリング特性を表す言葉。旋回しているとき、ステアリングを切っても、切った分だけ曲がらずに、外側に膨らんでいってしまう状態をアンダーステアという。これに対して、ステアリングを切った以上に曲がってしまう状態をオーバーステアという。

>>答え ①

>>ポイント

前輪駆動の代表車であるミニがサーキットで活躍していた1960年代のレース写真を見ると、ステアリングをフルロックに切り、猛烈な白煙をたなびかせながらコーナリングする姿が多い。この時、ドライバーは猛烈なアンダーステアと戦っているわけだ。

Question 040

トヨタ・スポーツ 800 について、正しい記述はどれか。

①カローラとシャシーを共用している
②空冷2気筒エンジンを搭載した
③ホンダ S600 より重い
④4人乗りである

>>解説

トヨタ・スポーツ 800 は大衆車であるパブリカとエンジン、シャシーを共用して製作された2人乗りのスポーツカー。水平対向2気筒エンジンのチューニングはパブリカと異なる独自のものである。航空機の空力を意識した丸いモノコックボディが特徴的。重量は 580kg。ライバルと目されたホンダ S600 は直列4気筒 DOHC エンジンを持ち、車重は 720kg あった。

トヨタ・スポーツ 800

>>答え ②

>>ポイント

トヨタ・スポーツとホンダ S600 および S800 は、同時代に誕生した良きライバルでレースでも鎬を削ったが、2車のエンジン形式はまったく異なっていた。ヒストリックカーとなった今日でも人気を二分するライバルだ。

Question **041**

軽油と比較したガソリンの性質で、正しくない記述はどれか。

①沸点が低い
②気化しやすい
③自己着火しやすい
④硫黄分が少ない

>>解説

ガソリンは引火しやすいが、熱を加えたときの自己着火は軽油のほうが発生しやすい。そのためエンジンの構造にも違いがある。ガソリン・エンジンは燃焼させるために点火システムを備えるが、軽油を燃料とするディーゼル・エンジンでは、高圧縮して高温にし、自己着火させて燃焼する。

>>答え　③

>>ポイント

ガソリン価格が高騰した際、安いからとガソリン車に軽油を入れて壊してしまった例があったという。価格高騰でセルフ給油が増え、その結果起きた例である。

Question 042

CVTと略称される装置は、次のうちどれのことか。

①差動制限装置
②可変吸気システム
③無段変速機
④可変管長機構

>>解説

CVTとはContinuously Variable Transmissionのことで、変速比連続可変トランスミッションを意味する。歯車を用いず、ベルトと可変径プーリーを組み合わせ、変速比を連続的に変化させる。自動車でこの方式を本格的に採用した最初の例はオランダのDAFで、自社が開発したゴムベルト式無段変速システム「ヴァリオマチック」を遠心式クラッチと組み合わせ、1958年に発売した小型車「DAF 600」に搭載した。

DAF600

>>答え ③

>>ポイント

DAFはCVTの技術を特許登録していた。CVTの技術が脚光を浴びるようになると、その特許を購入して開発を進める企業も現れた。近年まではCVTの搭載は小排気量車に限られていたが、技術革新を遂げた現在では、3ℓ以上の大パワーにも対応した製品も登場している。

Question 043

時速100kmで走行している時、5秒で進む距離は何メートルか。

① 40メートル
② 90メートル
③ 140メートル
④ 190メートル

>>解説

100km/hで走っているクルマは1分間で1666.66m進む。5秒間に進む距離を算出するには1666.66に5/60を掛ければいい。よって138.88m、すなわち約140mとなる。
腕時計よってはタキメーターを備えるモデルがある。タキメーターはストップウォッチで1kmのタイムを計り、そこから一目瞭然で時速が分かる便利なスケールだ。1kmを30秒で走れば120km/h、40秒で走れば90km/hとなる。

>>答え ③

>>ポイント

比較的簡単な計算で求められるので、落ち着いて計算してみれば解くことができる。

Question 044

1899年までに約1000台生産されたヨーロッパ初の量産車ヴェロを作ったのはどのメーカーか。

① ダイムラー
② ベンツ
③ パナール
④ プジョー

>>解説

1894年にベンツが発売した"ヴェロ"は、単気筒1050cc、1.5hp／700rpmのエンジンを座席後方の下に搭載した小型軽量のクルマだ。女性にも扱いやすいところから大好評を博し、1899年までに1200台も生産される世界初の量産車となった。欧州諸国やアメリカにも輸出され、またライセンス生産も行われた。

ベンツ・ヴェロ

>>答え ②

>>ポイント

"ヴェロ"はフランス語で自転車のこと。自転車のように手軽に使える軽快なクルマという意味だ。自動車の発明者であり、世界初の量産車を生産したことを、現在のメルセデス・ベンツは誇りとしている。なお、ダイムラーとベンツが合併したのは1926年のことである。

Question 045

1912年に世界で初めて電気モーターによるセルフスターターを採用したのはどのメーカーか。

① ロールス・ロイス
② メルセデス・ベンツ
③ ルノー
④ キャデラック

>>解説

キャデラック社のリーランド社長の親友が、エンストで立ち往生している女性のエンジンを再スタートしようとして、逆戻りしたスターティングハンドルで顎の骨を砕き、この傷がもとで他界してしまった。この事故に衝撃を受けたリーランドは、自社の全エンジニアにセルフスターターの開発を命じ、チャールズ・フランクリン・ケッタリングが装置の開発に成功した。

>>答え ④

>>ポイント

クランクハンドルを手で回してエンジンを始動していた時代には、逆回転で事故が頻発。それは命がけの作業だった。

Question 046

シリーズ方式のハイブリッド車について、正しい記述はどれか。

①モーターを2つ使う
②加減速がないと成り立たない
③エンジンは駆動力としては使わない
④エンジンとモーターが並列している

>>解説

シリーズ式ではエンジンは発電のためだけに使用し、走行は電気モーターだけ。パラレル式では走行はエンジンが主体ながら、パワーが不足する急発進時や急加速時に電気モーターがサポートする。

>>答え ③

>>ポイント

シリーズ式ハイブリッドの駆動系は電気モーターだ。エンジンによる発電機構を備えるため、電気のみの自動車に比べてバッテリーが小型ですむほか、出先での充電設備の確保や、一充電あたりの走行距離が少ないなどの欠点が解消される。パラレル方式はエンジンが主体なので、シリーズ方式よりさらにモーターやバッテリーが小型になる。

Question 047

次の写真のうち、プリンス自動車のクルマはどれか。

① ② ③ ④

>>解説

①はスバル360、②はトヨタのトヨペット・クラウン、③がプリンス自動車の製作したスカイライン・スポーツクーペ。④はホンダ S600。スカイライン・スポーツクーペは 1960 年 11 月のトリノ・ショーでデビューしたモデルで、デザインはジョヴァンニ・ミケロッティ。このクーペのほかにコンバーティブルがあり、総計 40 台ほどが販売された。

>>答え ③

>>ポイント

1960 年代の日本のメーカーの中には、イタリアのデザイナーにボディデザインを任せた例がいくつかあるので、記憶しておきたい。ミケロッティは日野コンテッサも手掛けている。

Question 048

3級

300ps を kW で表すと、次のうち正しい数値はどれか。

① 約 40.8
② 約 408
③ 約 22.1
④ 約 221

>>解説

クルマの出力表示には、国際単位系（SI）における仕事率の単位として、ワット（W）が用いられるようになったが、従来からのメートル法に基づく ps も併記されている。1ps は約 735.5W だから、300ps は約 221kW となる。

>>答え　④

>>ポイント

時代は SI 単位系に変わっている。出力の "ps" と "kW"、およびトルクの "kgm" と "Nm" の関係（換算式）を是非とも記憶しておきたい。

Question 049

次の略語の説明で、誤っているものはどれか。

① ABS：アンチロック・ブレーキ・システム
② ESP：エレクトリック・サポート・プログラム
③ EV：エレクトリック・ヴィークル
④ FWD：フロント・ホイール・ドライブ

>>解説
ESP の正しい表記は Electronic Stability Program（エレクトロニック・スタビリティ・プログラム）。ボッシュが開発した ABS や ASR などの統括制御で、欧州車に広く採用されている。

>>答え　②

>>ポイント
クルマの電子制御ユニットの呼称にはアルファベットの略語が多い。その機能を理解するためにも、語源は覚えておきたい。

Question 050

ゴットリープ・ダイムラーとほぼ同時期に、ガソリン・エンジンを使う自動車を開発していたのは誰か。

①エティエンヌ・ルノワール
②カール・ベンツ
③ニコラウス・アウグスト・オットー
④オイゲン・ランゲン

>>解説

1885年、カール・ベンツが三輪自動車を、ゴットリープ・ダイムラーがガソリン・エンジンを備えた二輪車を完成させた。翌86年には前述したベンツの三輪車が特許を取得し、一方、ゴットリープ・ダイムラーが四輪の"モトールワーゲン"を完成させた。

>>答え ②

>>ポイント

1886年1月29日、カール・ベンツの"ガスエンジン駆動の乗り物"に対し、ドイツ帝国特許第37435号が与えられた。有名なベンツの三輪車、世界最初の自動車の誕生の時だった。1885～86年頃のベンツとダイムラーの動きは覚えておきたい。

Question 051

カーブの入口に「50R」という標識があった。これは何を意味するか。

① 速度が 50km/h 制限
② コーナーの半径が 50m
③ 50km 先にレストハウスがある
④ 上り勾配が 50%

>>解説

50R と書かれた標識は半径 50m のコーナーがこの先にあるということを意味している。R は半径＝ Radius のことである。

>>答え　②

>>ポイント

基本的な標識の問題。運転免許を持っていなくとも、安全のために最低限の標識は知っておきたい。

Question 052

三元触媒によって浄化・還元されない物質はどれか。

① CO
② CO_2
③ HC
④ NOx

>>解説
三元触媒とはひとつの触媒で酸化と還元作用を行なうことで、CO、HC、NOx の排ガス中の有害な 3 成分を同時に処理する。触媒には白金やパラジウム、ロジウム等のレアメタルを使う。この触媒の能力を最大限に発揮させるには空燃比が理論空燃比に非常に近いことが必要で、電子制御燃料噴射技術が発達したことで実用化された。

>>答え ②

>>ポイント
一酸化炭素（CO）と炭化水素（HC）を酸化、窒素酸化物（NOx）を還元することで、二酸化炭素、水、窒素に変換する。CO_2 は近年になって地球温暖化が取りざたされるまで、有害物として問題視されていなかった。

Question 053

「カーボン・ニュートラル」とされる燃料はどれか。

① 天然ガス
② 石炭
③ バイオエタノール
④ LPG

>>解説

植物から生成されるバイオエタノールがこれに当たる。植物は光合成によって大気中の二酸化炭素の炭素原子を取り込んで有機化合物を作って成長する。それゆえに植物を燃料として燃やして二酸化炭素を発生させても、大気中の二酸化炭素総量の増減には影響を与えないとするのが、カーボン・ニュートラルの考え方だ。

>>答え ③

>>ポイント

理想的に見えるこのカーボン・ニュートラルという考え方には矛盾点もある。バイオエタノールなどの燃料を植物から作っても、製造や輸送の過程で化石燃料を使えば二酸化炭素の排出量が上回ってしまう。しかも本来食料になるはずのトウモロコシなどの穀物を原料にしてしまうので、食料不足、価格高騰を招いていることが問題になっている。

Question 054

このクルマに関係のある人物は誰か。

① ヴィットリオ・ヤーノ
② サー・フレデリック・ヘンリー・ロイス
③ エットーレ・ブガッティ
④ フェルディナント・ポルシェ

>>解説

写真のクルマはランチア・アウレリアGT。設計者のヴィットリオ・ヤーノは、フィアットやアルファ・ロメオ、ランチア、そしてフェラーリのために様々な名作を残した設計者。第二次大戦前から戦後のレースで活躍したクルマの多くは、ヤーノが手掛けた。

>>答え ①

>>ポイント

イタリアの自動車史には多くの優れた設計者の名が刻まれているが、間違いなくその頂点に位置するのがヴィットリオ・ヤーノだ。

Question 055

1968年の日本グランプリに出場したニッサン R381 が装備していた「秘密兵器」とは何か。

① エアロバンパー
② エアロトップ
③ エアロフェンダー
④ エアロスタビライザー

>>解説

R381 に付いていた2分割式リアウィングの特徴は、コーナリング時に内輪が浮き気味になるのを、ウィングが発生するダウンフォースで抑えようとしていたこと。その機能からエアロスタビライザーと呼ばれていた。コーナーリング時に内側のウイングが立ち上がり、ダウンフォースを増すことで、内側タイヤの接地性を高めようとした。
一般に、エアロバンパー、エアロフェンダーはドレスアップパーツ。エアロトップは屋根の一部を取り外しできるボディタイプを指す名称。

>>答え ④

ニッサン R381

>>ポイント

このクルマについての知識がないと答えにくい問題だが、他の選択肢の名称から推察することは可能だから、落ち着いて考えればそう難しくない。

Question 056

1966年にプリンス自動車と合併したメーカーはどれか。

①日産
②日野
③富士重工
④三菱

>>解説

当時、日本国内はオリンピック後の経済不況に陥っていた。一方、海外からは激しい自動車の市場開放を求められ、1965年10月には乗用車の輸入自由化が決まった。こうした背景から国内自動車業界の再編が進み、1966年8月1日に業績不振にあったプリンス自動車が、日産自動車に吸収される形で合併した。

>>答え　①

>>ポイント

プリンス自動車は第二次大戦の軍用航空機メーカーである中島飛行機と立川飛行機を前身に、戦後設立された自動車会社で、優れた技術を誇っていた。ブリヂストンと関係が深く、その創業者・石橋正二郎氏が経営と資本面で大きな役割を担っていた。

Question 057

1955年のパリ・サロンで発表され、その未来的なスタイリングと画期的な油圧制御システムで注目を集めたモデルはどれか。

① クライスラー 300
② シトロエン DS
③ ブリストル 405
④ フィアット・ムルティプラ

>>解説

シトロエン DS は、その空力的ボディスタイルもさることながら、技術的には時流より 20 年以上先行していたと評されている。DS で最大の特徴は、金属バネの代わりに気体と液体を使った"ハイドロニューマチック"サスペンションである。

シトロエン DS19

>>答え ②

>>ポイント

1955年には日本でも新世代のクルマが登場している。本格的な乗用車として開発されたトヨペット・クラウンだ。

Question 058

タイヤに 205/65R15 94V という表示があったとき、「V」は速度記号といい、規定の条件下でそのタイヤが走行できる最高速度を示す。では「V」とは下に示すどの速度か。

① 210km/h
② 240km/h
③ 270km/h
④ 300km/h

>>解説

速度記号とは、定められた条件の下でそのタイヤが走行できる最高速度（平坦・舗装路面）を示している。"V"は 240km/h を示す。①の 210km/h は "H"、③の 270km/h は "W"、④の 300km/h は "Y"。この出題で "V" の前に記されている "94" の値はロードインデックスといい、最大負荷能力を示す。"94" は 670kg を示す。

>>答え　②

>>ポイント

タイヤの表記については、細かい数値まですべて覚える必要はないが、速度表示の "V" など、日常で目にする表記については知っておきたい。

Question 059

次のうち、1964年の日本グランプリのレース写真はどれか。

>>解説

写真①が1964年の第2回日本グランプリの1シーンだ。生沢徹のスカイラインGTが、トップを独走する式場壮吉のポルシェ904を1周だけ抜いた。②はパリ・ダカール・ラリーにおける三菱パジェロ。③が1991年ルマンで日本車として初優勝を果たしたマツダ787B。④は富士スピードウェイの人気レースだったグランチャンピオン・シリーズ。

>>答え　①

>>ポイント

日本のレースに関するエポックメイキングなできごとは記憶しておきたい。1963年に鈴鹿サーキットで初開催された日本GPには様々なエピソードがあるし、サファリ・ラリー、パリダカ、ルマンなどに出た日本車についても要チェックだ。

Question 060

次の中で「クロスレンチ」はどれか。

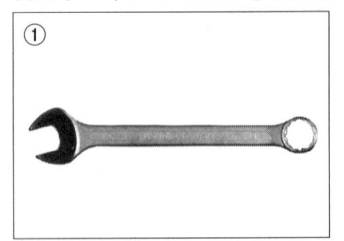

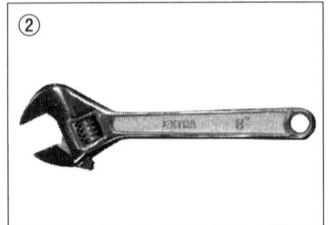

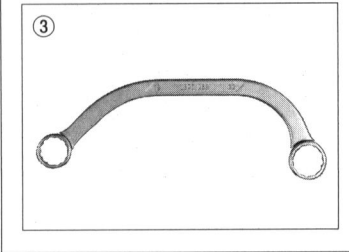

① ② ③ ④

>>解説

ボルトやナットを回すためには、用途に応じて様々なレンチを使い分ける。④がクロスレンチで、ホイールナット（ボルト）を回すときに使う。4カ所にすべて違うサイズのソケットが備わっていて、これ1本あれば、ほとんどのクルマに対応できる。

>>答え ④

>>ポイント

緊急時に使うような工具は、形や名称だけでなく使い方も覚えておきたい。

Question 061

次のうち、フォルクスワーゲン・グループに属さない自動車メーカーはどれか。

① シュコダ
② セアト
③ ロールス・ロイス
④ ベントレー

>>解説

1998年から1999年にかけて、自動車会社同士の企業買収が盛んに行なわれた。フォルクスワーゲン・グループは、BMWとの激しいロールス・ロイス争奪戦を演じたすえ、ロールス・ロイスのブランドはBMWが手にし、フォルクスワーゲン・グループが生産施設とベントレーのブランドを手に入れた。①のシュコダ（チェコ）は1990年にVWと資本提携し、91年に子会社となっている。②のセアト（スペイン）は、1950年にフィアットが出資して創設されたが、1980年にフィアットが撤収し、1982年にVWと業務提携を結び、1993年に完全子会社化された。

>>答え　③

>>ポイント

20世紀末には世界中の自動車会社を巻き込む買収劇が行なわれた。最大級のものが、ダイムラー・ベンツとクライスラーの合併だったが最終的に失敗に終わった。また、VWグループによる有名ブランドの買収も記憶しておきたい。グローバル化の加速でさらに自動車業界の再編は進み、そのVWとポルシェはグループになろうとしている。

Question 062

日産の軽乗用車「モコ」は何のOEMモデルか。

① スズキ MR ワゴン
② スバル・ステラ
③ 三菱 eK ワゴン
④ ダイハツ・ミラ

>>解説

OEM供給とは相手先ブランドで販売する製品を生産すること。車種・車型を整理統合してコスト削減を図るのが狙いだ。軽自動車のラインナップが欲しかった日産は、軽自動車メーカーからOEM供給を受けている。モコは①のスズキMRワゴン。③の三菱eKワゴンはニッサン・オッティとして販売。

>>答え ①

>>ポイント

海外に比べて日本ではめずらしかったOEM供給だが、最近では商用車や軽自動車で盛んに行われるようになった。日本のメーカーが海外のメーカーのためにOEM供給している例もあるので、チェックしておきたい。

Question 063

軽自動車の規格として、正しいものはどれか。

①全長が3.4m以下であること
②高さが1.8m以下であること
③タイヤが四輪であること
④車幅が1.5m以下であること

>>解説

現在の軽自動車の規格は、全長3400mm以下×全幅1480mm以下×全高2000mm以下、排気量660cc以下となっている。ダイハツ・ミゼットのように三輪の軽自動車もあることからわかるように、四輪車である必要はない。250cc以下の二輪車は軽自動車二輪と呼ぶ。

>>答え ①

>>ポイント

昭和24(1949)年に誕生した軽自動車の規格はこれまでにも何回か変更されている。当初全長3000mm以下×全幅1300mm以下×全高2000mm以下、排気量は360cc以下だった。全長と全幅、排気量は社会状況の変化に応じて変更されたが、全高だけは変わっていない。

Question 064

次のうち、「アルファ・ロメオ P2」はどれか。

① ② ③ ④

>>解説

正解は②、ボンネット上に描かれたクアドリフォリオ（四ツ葉のクローバー）のマークからアルファ・ロメオであることが一目瞭然。選択肢はどれも第二次大戦以前に造られた優れたクルマだ。①はメルセデス・ベンツ SSK。ポルシェ博士設計の高性能スポーツ車。③はロールス・ロイス・シルヴァーゴースト。精緻な工作で造られた高品質なクルマ。④はフォード・モデル T。1500万台が造られた大衆車の代表である。

>>答え　②

>>ポイント

クアドリフォリオがアルファ・ロメオのシンボルであることが分かれば簡単だ。レーシングカーの P2 は、登場以来グランプリで数々の勝利を重ねた。レース専用車なので、選択肢の中では異質な一台。

Question 065

ポルシェの中で、動物に由来する名を持つモデルはどれか。

①カレラ
②ボクスター
③カイエン
④ケイマン

>>解説

④のケイマンはケイマン諸島に棲むワニの名称だ。西インド諸島を構成するケイマン諸島は、1503年5月10日にコロンブスの4度目の航海で発見された。クロコダイルも生息していたことから、カリブ・インディオの言葉でワニを意味するケイマナス（Caymanas）と呼ばれるようになり、それが現在のケイマン諸島の語源となった。②のボクスターは BOXER と SPEEDSTER を合わせた造語。③のカイエンは、フランス領ギアナのカイエンヌという地名からとった名。カイエンヌはカイエンペッパーの原産国。広義では炎が語源。

ポルシェ・ケイマン

>>答え ④

>>ポイント

おなじみのカレラは、スペイン語でレースを示すが、ポルシェがモデル名に"カレラ"を使うようになったのは、1950年から54年まで開催された"ラ・カレラ・パナメリカーナ・メヒコ"で大成功したからだ。2009年にデビューしたパナメーラも、このレースにちなんだもの。

Question 066

トヨタの高級サルーン「クラウン」は、2008年1月のフルモデルチェンジで何代目になったか。

① 10
② 11
③ 12
④ 13

>>解説

クラウンが誕生したのは昭和30（1955）年のこと。それから半世紀を経た2008年に登場した新型は13代目に当たる。日本車では同じ名称を長く使い続けることは少なくなったので、50年以上同じ名称を引き継いでいるクラウンのような存在は希有だ。クラウンというブランドが確立されているからにほかならない。

クラウン・ハイブリッド

>>答え　④

>>ポイント

ほかにもランドクルーザーなど長寿な名称もあるから、これらもチェックしておきたい。また、長寿なクルマも問題になりやすい。

Question 067

アメリカの主要なオープンホイール車によるレースで、史上初の女性ドライバー優勝者は誰か。

①ダニカ・パトリック
②パトリック・ハーラン
③サラ・フィッシャー
④ミッシェル・ムートン

>>解説

ここでいう主要なオープンホイールレースとはチャンプカー、およびインディーカー・シリーズ(IRL)のこと。両シリーズが統合されて行なわれた2008年 IRL の第3戦、ツインリンクもてぎで開催された Indy Japan300 で女性初の優勝を果たしたのが①ダニカ・パトリック。③サラ・フィッシャーも IRA のドライバー。④のミッシェル・ムートンは、アウディ・クワトロに乗り、女性ドライバーとして初めて WRC で優勝を果たしたほか、もう少しでドライバーズ・チャンピオンを獲得するほどの大活躍を果たした。②パトリック・ハーランはお笑い芸人。

>>答え ①

>>ポイント

1960年代までインディアナポリス・スピードウェイのインフィールドは女人禁制だった。1970年代にようやく開放され、ジャネット・ガスリーが女性として初めてインディ500を走っている。

Question 068

ルマン24時間レースで、初めてディーゼル・エンジン搭載車での総合優勝を成し遂げたのはどのメーカーか。

①アウディ
②プジョー
③メルセデス・ベンツ
④ベントレー

>>解説

アウディは2006年のルマンにディーゼル・エンジンを搭載したR10 TDIで参加、デビューウィンを果たした。これはルマン史上初めてのディーゼル車による総合優勝だ。その後、2007年にもR10 TDIで勝ち、2008年には廃材から生成したバイオ燃料を使うR10 TDIでも優勝し、ディーゼル・エンジンによるルマン3連勝を果たした。

>>答え ①

>>ポイント

ルマンには1949年から51年にかけて3回、ディーゼル・エンジン搭載車が出場している。過去にも参加していた例があることは記憶しておきたい。

Question 069

2007年度のF1GPで、コンストラクターズ・チャンピオンシップを獲得したのはどのチームか。

① マクラーレン・メルセデス
② フェラーリ
③ BMW ザウバー
④ トヨタ

>>解説
コンストラクターは首位を争っていたマクラーレン・メルセデス・チームがスパイ疑惑によるポイント剥奪制裁でノーポイントとなったため、フェラーリが大差で獲得した。ちなみにドライバーズ・チャンピオンシップはフェラーリのキミ・ライコネンが、マクラーレン・メルセデスのルイス・ハミルトンを退けて獲得。

>>答え　②

>>ポイント
2007年は驚異の新人、ルイス・ハミルトンがなにかと話題になったので、引っかかりやすい問題かも知れない。

Question 070

フェルディナント・ピエヒ、ジョン・ワイア、ジャッキー・イクスに共通して関係のある自動車メーカーはどれか。

①フォルクスワーゲン
②フォード
③ポルシェ
④アウディ

>>解説

ポルシェ家の流れを汲むフェルディナント・ピエヒと、ジョン・ワイアはスポーツカーレースでポルシェと共通項があり、ジャッキー・イクスもルマンでの四度の優勝のほか、パリ・ダカール・ラリーでもポルシェで二度勝利を果たした。

>>答え ③

>>ポイント

ジャッキー・イクスはルマンとパリ・ダカール・ラリーに関する出題にはよく出てくる人物だ。

Question 071

次のうち、サスペンション形式でないのはどれか。

①ストラット
②ダブルウィッシュボーン
③パラレルリンク
④シンクロナイザー

>>解説

シンクロナイザーはマニュアルギアボックスに備わり、ギアチェンジを容易にするための同期機構。あとはすべてサスペンション関連だ。

>>答え ④

>>ポイント

クルマの機構についての設問で、サスペンション関連は出題されやすいもののひとつ。名称だけでなく、どのようなシステムなのか概要だけでも理解しておきたい。

Question 072

2007年4月から首都圏50店舗のガソリンスタンド（2008年4月からは100店舗）で販売が始まったガソリンはなにか。

①バイオガソリン
②有鉛ガソリン
③ E85
④プレミアム軽油

>>解説

バイオガソリンとは従来のガソリンにバイオエタノールを配合した燃料のこと。首都圏で販売が始まったのは、植物から作られるバイオエタノールに石油系ガスのイソブテンを合成したもの。

>>答え　①

>>ポイント

バイオエタノールは、カーボン・ニュートラルとして理論上 CO_2 を削減でき、化石燃料のように枯渇しないことから注目されている。しかしトウモロコシなど食品作物から生産を行なうと食糧問題を招くと懸念されている。

Question 073

通常のレシプロエンジンとは違い、ハウジング内のおむすび型のピストンを回すエンジンのことを何と言うか。

①ディーゼル・エンジン
②ロータリー・エンジン
③サイクロン・エンジン
④2ストローク・エンジン

>>解説

レシプロとは Reciprocating の略で、ピストンが往復運動することをいう。それに対してレシプロのピストンにあたるローターが回転運動するエンジンはロータリー・エンジン(ヴァンケル・エンジン)である。ロータリー・エンジンの特徴はピストンの代わりにローターが回転することで動力を得る。また、コンロッドやバルブ及びその駆動メカニズムが不要なので、エンジンを軽量かつコンパクトにできる。
ディーゼル・エンジンは高圧縮して高温にした空気に燃料を噴射して点火する方式。2ストローク・エンジンはピストンの1往復(2行程)で吸気・圧縮・燃焼・排気が完結するエンジン形式。サイクロン・エンジンは1986年に登場した三菱製エンジンの名称。

>>答え ②

>>ポイント

現在、自動車用のロータリー・エンジンを生産しているのはマツダだけである。マツダとロータリー・エンジンの関係についての設問は多い。

Question 074

現行型のフォルクスワーゲン・ゴルフに採用されていないボディ形状は次のうちどれか。

①ハッチバック
②ステーションワゴン
③ミニバン
④カブリオレ

>>解説

現行型ゴルフにはカブリオレは設定されていない。ゴルフ・カブリオレの市場は現在イオスという独立したモデルに受け継がれている。

>>答え ④

>>ポイント

ゴルフのカブリオレは少々変わったモデル。カブリオレモデルは1代目から設定され、カルマンが生産を担当した。2代目へ移行しても同じプラットフォームのまま外観にリファインを加えて94年まで生産された。3代目でカブリオレもフルチェンジされたが、4代目の移行時にはまた外観のみ少し手直ししただけで、3代目のボディのまま生産された。5代目からは完全に独立したモデルとなった。

Question 075

以下のサーキットのうち、F1 を開催したことがないのはどれか。

① 富士スピードウェイ（静岡県）
② 鈴鹿サーキット（三重県）
③ スポーツランド菅生（宮城県）
④ TI サーキット英田（岡山県）

>>解説

1994 年と 95 年に、鈴鹿での日本 GP とは別に「パシフィック GP」の名で、F1 選手権レースが岡山の TI サーキット英田（現・岡山国際サーキット）で開催された。ミハエル・シューマッハーが両年とも優勝した。スポーツランド菅生では F1 のイベントが開催されたことはない。

>>答え ③

>>ポイント

1990 年代中頃には日本でも F1 が年 2 回開催されたことがある。

Question 076

F1史上、ドライバーズ・タイトルをもっとも多く獲得したのはミハエル・シューマッハーだが、通算で何回タイトルを獲得したか。

① 5回
② 6回
③ 7回
④ 8回

>>解説

シューマッハーは15年間のF1活動の中で250レースに出走し、91回の優勝を果たし、1994、95、2000、01、02、03、04年と計7回のチャンピオンシップを獲得した。

>>答え　③

>>ポイント

シューマッハーが最多タイトルとなるまで、記録を保持していたのはフアン・マヌエル・ファンジオの5回。この記録は1957年に達成され、シューマッハーが更新するまで半世紀近く破られなかった偉大な記録だ。それだけに半世紀ぶりに記録更新したシューマッハーも偉大なドライバーのひとり。

Question 077

以下の日本の自動車メーカーのなかで、四輪車の生産を開始したのがもっとも遅かったのはどれか。

①ホンダ
②スズキ
③ダイハツ
④ミツオカ

>>解説

答えはいうまでもなく1968年創業のミツオカであり、最初の生産車は1982年のゼロハンカー（50cc車）である。ミツオカが自動車メーカーとしての登録を認可されたのは1996年のことで、現在のところ最も若い日本の自動車メーカーだ。

>>答え　④

>>ポイント

ミツオカは、自らはクルマの根幹となる機構部品は生産せず、他社から供給された完成車をベースにボディやインテリアをカスタマイズする企業として成長したが、近年には独自に開発したクルマも手掛けている。因みに4つの選択肢のうち、ミツオカに次いで四輪生産の歴史が浅いのはホンダだ。

Question 078

自動車メーカー「BMW」は、次のうちどの言葉の頭文字か。

①ブリティッシュ・モーター・ワークス
②バイクおよび航空機エンジン製造工場
③ボルグ・ワーナー株式会社
④バイエルン・エンジン製造工場

>>解説

BMW は Bayerische Motoren Werke AG の略。バイエルンのエンジン製造工場を意味している。航空機や船舶用エンジン製造会社から発展した BMW は、1920年代後半から自動車の製造を始めた。BMW の社名は自動車会社に転身する以前の 1917 年から使用されていた。

>>答え ④

>>ポイント

社名やエンブレムの由来などは出題の可能性が高い。

Question **079**

2008年現在、日本自動車工業会の会長を務めている張 富士夫氏は、次のうちどの自動車メーカーの取締役会長か。

①トヨタ
②日産
③ホンダ
④マツダ

>>解説
1999年、張富士夫氏は第9代トヨタ自動車社長として就任、2005年まで務めた。

>>答え　①

>>ポイント
クルマに関する時事問題について出題されることは多い。各自動車会社の社長は財界でも要職を務めることが多く、日々のニュースで名前を見聞きする機会もあるはず。自動車雑誌だけでなく新聞なども細かくチェックしてみよう。

Question 080

自動車レースの「F1」のFを意味する言葉として正しいのは、次のうちどれか。

① Forged
② Four Stroke
③ Formula
④ Ferrari

>>解説

F1＝フォーミュラ・ワンはFIA（国際自動車連盟）が主催する世界最高峰の自動車レースで、ドライバーとレーシングカーを製造するコンストラクターに世界選手権がかけられる。F1のFはFormulaの略で「規定」を意味している。もっとも目立つ特徴はタイヤが剥きだしの単座であることで、フォーミュラの最高峰クラスであることを"1"で表している。

>>答え　③

>>ポイント

モータースポーツ・ファンでなくとも、F1 ついてはエンジンの排気量などの最低限の規定は知っておきたい。

Question 081

「いすゞ」のブランド名で知られている自動車メーカーの正式な表記は、次のうちどれか。

①いすず自動車株式会社
②五十鈴自動車株式会社
③いすゞ自動車株式会社
④イスズ自動車株式会社

>>解説

正解はいすゞ自動車株式会社。いすゞの創業は1916年のことで、現存する国内の自動車メーカーの中でも古い歴史をもつ。1934年には「商工省標準形式自動車」を、伊勢神宮の五十鈴川に因んで「いすゞ」と命名。これが社名の由来となり、1949年に商号を現在の「いすゞ自動車株式会社」に変更した。

>>答え ③

>>ポイント

街で見かける同社のトラックやバスのボディには「ISUZU」と表記されているから、その正式な社名には馴染みがないかもしれない。選択肢の①「いすず」は間違いやすいので注意。

Question 082

2003年のジュネーヴ・ショーで発表された、往年の名レーシング・ドライバーの名を冠した500psの5ℓ V10ツインターボエンジンを搭載するコンセプト・クーペはどれか。

①アウディ・ヌヴォラーリ・クワトロ
②ブガッティ・シロン
③アウディ・ローゼマイヤー
④メルセデス・ファンジオ

>>解説
4人ともモータースポーツ史上に残る名ドライバーだ。2003年のジュネーヴで登場した①アウディ・ヌヴォラーリ・クワトロは、アウトウニオンGPカーをドライブしたヌヴォラーリに因んで命名された。

アウディ・ヌヴォラーリ・クワトロ

>>答え ①

>>ポイント
名ドライバーの名を冠した例はいくつかあり、②のブガッティ・シロンや、③アウディ・ローゼマイヤーも実在するコンセプトカー。④のメルセデス・ファンジオはこの設問のための創作。ヌヴォラーリの名はベルトーネが製作したコンセプトカーにも使われ"ニヴォラ"と命名されている。

Question 083

2006年にフォルクスワーゲン・グループがオープンした巨大テーマパークである「アウトシュタット」の所在地はどこか。

① ミュンヘン
② シュトゥットガルト
③ ウォルフスブルク
④ インゴルシュタット

>>解説
アウトシュタットとはドイツ語で「自動車の街」を意味する言葉。フォルクスワーゲンの本社があるニーダーザクセン州のウォルフスブルクにある。VWの生産工場も見学できる自動車のテーマパークで、ウォルフスブルクの観光名所となっている。

>>答え ③

>>ポイント
アウトシュタットはVWグループの各ブランドや自動車の歴史を楽しみながら知ることのできる施設だ。ドイツの自動車会社は、自社の歩みを明らかにする博物館を充実させることに熱心に取り組んでいる。ダイムラーは旧来の博物館を一新し、ポルシェも新館を建設した。

Question 084

ランチア・アッピア・ベルリーナや初代トヨタ・クラウン、マツダRX-8 などに見られる「観音開き」とはどの部分についていうか。

①ダッシュボード
②ボンネット
③ドア
④シート

>>解説

観音開きとは、左右の扉が中央から両側に開くように作られた開き戸のことで、観音像をおさめた厨子から来ている言葉だ。クルマの場合には一般的にドアの開き方をいい、1955年に登場した初代クラウンがこの形式で、現在でも初代クラウンのことを"観音開きのクラウン"と呼ぶ。現在では、マツダRX-8、ミニ・クラブマン、ロールス・ロイス・ファンタムなどに採用されている。

ロールス・ロイス・ファンタムの観音開きドア

>>答え　③

>>ポイント

ドアの開口部が大きくなるので乗降しやすいが、強度や安全上の見地から次第に消えていった。近年になってわずかだが復活例がある。

Question 085

チシタリア 202 をデザインしたことで知られるイタリア人デザイナーは誰か。

① ジウジアーロ
② ガンディーニ
③ ミケロッティ
④ ピニンファリーナ

>>解説

イタリアの企業家であったピエール・ドゥージオが第二次大戦後に興したチシタリアは、レーシングモデルを手掛けると同時に、1947年にはピニンファリーナのデザインになる202クーペとカブリオレのロードモデルをラインナップに加えた。

チシタリア 202 クーペ

>>答え ④

>>ポイント

ピニンファリーナが手掛けた202クーペの進歩的で美しいボディデザインは、その後の自動車デザインに大きな影響を与えた。ニューヨーク近代美術館に自動車として初めて永久保存されたという事実は記憶しておきたい。

Question 086

ポルシェの市販向け乗用車で初めて水冷エンジンを採用したクルマはどれか。

① 924
② 959
③ 928
④ ボクスター

>>解説

ポルシェ家から 1972 年に経営を引き継いだフールマン社長のもと、事実上 911 だけに依存する体制から脱却すべく、ポルシェは水冷エンジンをフロントに搭載した 2 モデルを投入した。1975 年にはアウディ製 4 気筒 2ℓ を搭載した 924 を、1977 年には自製の 4.5ℓ V8 ユニットを搭載した上級モデルの 928 をラインナップに加えた。

ポルシェ924

>>答え ①

>>ポイント

924 と 928 は相次いでデビューしているので、どちらが先か混乱しやすいかもしれない。924 はアウディ製に代えて自製エンジンを搭載した 944 に進化し、その後マイナーチェンジして 968 と名乗った。

Question 087

トヨタに抜かれるまで世界自動車生産台数ナンバーワンの地位を長い間保ってきたのはゼネラル・モーターズ。GMの前にナンバーワンだったのはどのメーカーか。

①フォード
②クライスラー
③ルノー
④ダイムラー・ベンツ

>>解説

GMは、シボレーの躍進によって、1931年に長らく首位の座にあったフォードから世界首位の座を奪い取った。2008年にトヨタに抜かれるまで、実に77年間にわたって、全米はもちろん世界生産台数で1位の座にあった。

>>答え ①

>>ポイント

シボレーの成功は、T型フォードが広く普及したあとのマーケティングの勝利といえる。クルマを持つ夢が叶った大衆は、ボディ塗色が黒一色しかないというT型フォードに飽きると、他人とは違った自分好みのクルマを持ちたいと考えるようになった。そこに登場したのがシボレーであった。顧客の趣向の変化を反映させた結果だ。

Question 088

自動車用語で P.C.D. とは何を指すか。

① ホイールのスタッドボルトが配置される直径
② ステアリングラックの山の間隔
③ ピストンのストローク距離
④ タイヤの回転中心と路面の距離

>>解説

PCD とは Pitch Circle Diameter のことで、ハブにロードホイールを取り付けるボルトのピッチ円直径のこと。ホイールにリムサイズやオフセットなどとともに刻印されており、98、100、112、120、114.3mm などの PCD を表す数値が確認できる。

>>答え ①

>>ポイント

ホイールを見ることなどないかも知れないが、タイヤサイズなどとともに再確認しておきたい。

Question 089

ランボルギーニの車名で牛でないものはどれか。

① ガヤルド
② ムルシエラゴ
③ カウンタック
④ ミウラ

>>解説

カウンタックは、イタリア・ピエモンテ地方の方言で感嘆詞("クーンタッシ"が近い発音)だ。発表前にこの車を見た人が思わず口にしたことがきっかけという。ガヤルドは18世紀スペインの闘牛飼育家の名。ムルシエラゴはスペイン語でコウモリのことだが、これも伝説の闘牛の名である。ミウラは闘牛牧場の名に因んでいる。

ランボルギーニ LP400 カウンタック

>>答え ③

>>ポイント

創業者のフェルッチョ・ランボルギーニが、フェラーリに物足りなさを感じて自ら理想のクルマ造りに乗り出したという逸話は有名。

Question 090

フォルクスワーゲンの車名で、「風」ではないものはどれか。

① フェートン
② ジェッタ
③ シロッコ
④ パサート

>>解説

フォルクスワーゲンのモデル名の由来は様々だが自然に関するものが少なくない。選択肢のうちで、フェートン（Phaeton）とは大型のコンバーティブルを指すボディ形状のことで、あとは風の名前だ。ポロ（球技）、トゥアレグ（アフリカの部族名）なども風と関係のない車名。

>>答え　①

>>ポイント

VW はこれ以外にも風の名を使っている。3ボックス車として一時存在したボーラは、アドリア海などで北または北東から吹き降ろす風のこと。ゴルフはスポーツの名でもあるが、独語では湾を意味し、ゴルフ・ストームとなるとメキシコ湾に吹く風の意味もあるし、メキシコ湾を流れる海流を指す場合もある。

Question 091

ジャガー、ランドローバーを買収して話題になったインドのタタ・モーターズが発表した超低価格車はどれか。

① タタ・ナノ
② タタ・マイクロ
③ タタ・ミニ
④ タタ・ピコ

>>解説

インドの国民車として低価格を売りに企画されたのがタタ・ナノである。タタ・グループは各産業界に進出するインド最大のコングロマリットのひとつだ。2007年頃から海外企業への積極的なM&Aで話題となった。

タタ・ナノ

>>答え ①

>>ポイント

タタ・ナノの現地価格は10万ルピーからで、発表当時の邦貨換算で約28万円だ。ナノは限界的なコストを大きく突破していると話題になった。しかし、発表当時とは社会状況が変わって世界的な材料高となったり、工場建設の際には当初の予定地での大規模な抗議活動によって建設が中止、移転となるなど、さまざまな問題に直面しながらも、2009年になってようやく販売が始まった。

Question 092

テレビ CM で「ブレイク・スルー・ザ・ワゴン」のキャッチフレーズが使われたクルマはどれか。

①ホンダ・アコードワゴン
②レガシィ・ツーリングワゴン
③スズキ・ワゴン R
④マツダ・カペラカーゴ

>>**解説**

1997 年に登場した 6 代目のアコードワゴンは、それまでの商用車的なステーションワゴンデザインを"ブレイク・スルー"したとされる。乗用車感覚で乗ることのできるスタイリングであることがセールスポイントだった。

ホンダ・アコード・ワゴン（6代目）

>>**答え** ①

>>**ポイント**

かつての「いつかはクラウン」のように誰もが知っている自動車 CM のコピーは、現在では生まれにくくなっている。この設問はそうした点で難しいかもしれない。

Question 093

4ドアセダンでないクルマはどれか。

① スズキ・カルタス・クレセント
② ダイハツ・シャレード・ソシアル
③ ホンダ・フィット・アリア
④ ニッサン・ブルーバード・オーズィー

>>解説

④だけが5ドアハッチバック車で、他は4ドアセダン・モデルである。5ドアハッチバックは日本より欧州で人気があり、セダンが主流だったころの日本では、海外からの逆輸入で一部にモデル設定されていた通好みのスタイルだった。他の選択肢は、もともとハッチバックとして生まれたモデルに4ドアセダンボディを追加設定されたもの。

ブルーバード・オーズィー

>>答え ④

>>ポイント

このブルーバード・オーズィーはオーストラリア生産のモデル。他にイギリス生産のプリメーラ5ドア・ハッチバックなどがあった。

Question 094

ジウジアーロ（イタルデザイン）作のコンセプトカーを原型とする市販車はどれか。

①ダットサン・ブルーバード 410
②いすゞ・ジェミニ
③日野コンテッサ
④スバル・アルシオーネ SVX

>>解説

いすゞ・ジェミニ（2世代目）のデザインもジウジアーロだが、原型となるコンセプトカーが存在するクルマはアルシオーネ SVX である。

スバル・アルシオーネ SVX

>>答え　④

>>ポイント

ジウジアーロは日本でも多くの仕事をしている。ジウジアーロによるデザイン・コンセプトでは、いすゞ・ピアッツァのもととなった「アッソ・ディ・フィオーリ」がよく知られている。

Question 095

フルモデルチェンジの数が一番少ないのはどれか。

①ニッサン・スカイライン
②トヨタ・クラウン
③ホンダ・シビック
④トヨタ・カローラ

>>解説
いずれも長寿を誇るモデルだが、登場年はさまざま。現行モデルは①日産スカイラインが12代目、②トヨタ・クラウンが13代目、③ホンダ・シビックが8代目、④トヨタ・カローラが10代目となる。

>>答え ③

>>ポイント
日本車はおおよそ4年程度でフルモデルチェンジすることを知っていれば、もっとも登場の遅かったシビックが答えと見当がつく。

Question 096

人気シリーズ映画『バック・トゥ・ザ・フューチャー』で主人公が乗る、タイムマシンになるクルマはなにか。

①デロリアン DMC-12
②アストンマーティン DB5
③ジープ・グランドワゴニア
④シボレー・コルベット

>>解説

正解はデロリアンDMC-12。1975年に当時GM副社長であったジョン・デロリアンが、GMを辞して設立したのがデロリアン・モーター・カンパニーだ。本社はデトロイトだが、工場は北アイルランドのベルファストに建てられ、クルマの開発にあたってはロータスが設計を、ジウジアーロがデザインを担当した。ガルウィング・ドアや、ボディ外板に無塗装のヘアライン仕上げステンレス板を用いたことが特徴で、その特異な外観ゆえに映画に起用されたのだろう。

デロリアン DMC-12

>>答え ①

>>ポイント

映画に登場するクルマにも役柄がある。他にもクルマが重要な脇役を務める映画はチェックしよう。

Question 097

プジョーのエンブレムとなっている動物は以下のうちどれか。

①虎
②ペガサス
③ライオン
④馬

>>解説

ライオンをエンブレムに使うのはプジョーだ。ライオンの画を入れたエンブレムを商標登録したのは1858年で、まだプジョーが自動車生産を開始する以前のこと。このライオンのモチーフは、プジョー発祥の地であるフランシェ・コンテ地方の紋章でもある。プジョーの製品であった、強靭な歯と柔軟なブレードを持つスチールソー（鋸）の高い品質を象徴していた。

>>答え　③

>>ポイント

動物をエンブレムに使う自動車会社は多い。フェラーリもポルシェも馬だし、スペインのペガソはペガサスを使っていた。

Question 098

自動車に用いられる「HID」とは、どこの装備か。

① エアコン
② ヘッドランプ
③ オーディオ
④ 電動シート

>>解説

HID(High Intensity Discharged lamp)はヘッドランプのシステム。水銀灯と同じ原理で、バルブ内の電極間に放電現象を起こして発火させる。通電によってキセノンガスが発光、管の温度が上昇すると水銀が蒸発して発光、さらに金属ハロゲン化物も蒸発・発光し、水銀発光と合わさることで特徴的な白色の光になる。

>>答え ②

>>ポイント

HIDはハロゲン・ヘッドランプの2〜3倍の明るさと3倍以上の寿命を持つといわれる。

Question 099

トヨタのカーテレマティクスサービスの名称はどれか。

① T-MARY
② VICS
③ G-BOOK
④ CAR WINGS

>>解説

G-BOOK はトヨタが自社のユーザー向けに構築したカーテレマティクス。ハンズフリーの携帯電話やデータ通信モジュールを介してセンターと接続し、情報のやりとりを行う仕組み。G-BOOK を活用すると、たとえば目的地だけでなく最新のグルメ情報が入手できたり、あるいは電子メールをクルマに転送することができる。また、センターに接続し、24時間対応のオペレーターに行きたい場所を探してもらうこともできる。双方向で情報をやりとりすることで利便性を向上させる取り組みは、他の自動車メーカーやカーナビのメーカーも取り組んでいる。

>>答え　③

>>ポイント

他に日産であればカーウィングス、ホンダのインターナビ、パイオニアのスマートループなどがある。年々新機能を盛り込んで進化の一途を辿っている。

Question 100

次の中で、「アルファ 156」はどれか。

① ② ③ ④

>>解説

156 は 1997 年のフランクフルト・モーターショーで生産型が発表された。直線的なウェッジシェイプ・デザインが特徴だった 155 の後継モデルだが、豊かな曲面を持つボディデザインと洗練されたエンジニアリングが好評を博し、近年のアルファ・ロメオ史上で最も成功したモデルといわれる。

>>答え ③

>>ポイント

アルファ・ロメオのアイデンティティーは盾型のグリルだ。④は 156 のデビューから少し遅れて誕生した上級車種の 166。

CAR検 2級 概要

出題レベル
クルマが好き、運転が大好き、
クルマを見ると即座にスペックが出てくる中級者

受験資格
クルマを愛する方ならどなたでも。
年齢、経験などに制限はありません。

出題形式
マークシート4者択一方式100問。
100点満点中70点以上獲得した方を合格とします。

Question 001

航空機に関係がない自動車メーカーはどれか。

① スバル
② ホンダ
③ ブリストル
④ アバルト

>>解説

富士重工業の自動車ブランドであるスバルは、戦後に解体された中島飛行機（戦闘機"隼"を開発）が前身である。スカイラインを生んだプリンス自動車も中島飛行機が源流であり、戦前の航空機メーカーの優秀な技術者たちは戦後の日本自動車界にも大きな足跡を残している。ブリストルは現在では数少ない純英国メーカーで、もとは航空機会社から戦後、自動車部門として発展した。大富豪向けにきわめて少数の車を生産しているが、独特のポジショニングゆえに知名度は低い。ホンダは人型ロボット"アシモ"など異業種への投資にも積極的だが、プライベートジェットへも進出している。この中でまったく航空機の経験がないのはアバルトだ。

>>答え ④

>>ポイント

航空機製造会社から自動車産業に転身、あるいは両方を手掛けるようになった会社は少なくない。

Question 002

2008年3月、イギリスの自動車メーカーであるジャガーとランドローバーの親会社となった自動車メーカーはタタ・モーターズだが、その国籍は以下のうちどれか。

①インドネシア
②インド
③マレーシア
④中国

>>解説

2008年3月26日に、フォードから約23億ドルでジャガーとランドローバーを買収したと発表して話題となったのは、インドのタタ・モーターズ・リミテッド。製鉄や電力会社を抱えるインドの財閥「タタ・グループ」に属する企業のひとつ。1945年に設立され、ムンバイに本社を置く。2007年の単体売上高は72億ドル（約8千億円）。従業員数は2万2000人。商用車（バス・トラック）部門は世界5位の規模。

>>答え ②

>>ポイント

タタ・モーターズについてのニュースは多いが、中でも最も注目を浴びたのは、買収劇に先立つ2008年1月10日にニューデリー・オートエキスポで発表した小型車のナノ（624cc/5人乗り）。2009年4月時点の円換算レートで、約19万円と、量産自動車としては世界で最も安値なことが呼び物となった。

Question **003**

2008年6月にマイナーチェンジを受けたポルシェ911について、正しくない記述はどれか。

①エンジンを直噴化した
②2ペダルMTを採用した
③ヘッドランプにLEDを採用した
④フレックス燃料モデルを追加した

>>解説

外観上ではフロントとリアのデザインに変更を受け、LED式のヘッドライトを採用したことが新しい。機構面では先進的な技術が取り入れられた。この4項目はどれも正解に見えるが、さすがのポルシェもフレックス燃料仕様はまだ市販化するに至っていない。中でも話題となっているのが、ツインクラッチ式トランスミッションの「PDK」が初採用されたことだ。7段のギアが組み込まれた「PDK」は、オートマチックトランスミッションとしての機能も持ち、従来のティプトロニックSに代わるものだ。

ポルシェ911 カレラS

>>答え ④

>>ポイント

PDKといえば、25年ほど前にグループCカーに搭載されていたことを記憶している方もおられるだろう。その後も開発はずっと続けられてきたわけだ。

Question 004

2008年5月、F1トルコGPでルーベンス・バリチェロが最多出場記録（257戦）を更新するまで、記録を保持していたドライバーは誰か。

① ミハエル・シューマッハー
② リカルド・パトレーゼ
③ エディ・アーバイン
④ デイビッド・クルサード

>>解説

リカルド・パトレーゼは、1977年モナコGPでシャドウからF1デビューし、1993年シーズン末に引退（引退時はベネトンに在籍）するまでの17年間に、通算256戦に出場した。最多出場記録のほか、187戦の連続出走記録も長い期間保持していたが、2006年の第2戦で連続記録についてはデイビッド・クルサードによって破られた。

>>答え ②

>>ポイント

モータースポーツでは記録の更新も興味のひとつだ。最近ではミハエル・シューマッハーが樹立した記録のほか、ルイス・ハミルトンなどの若手の台頭に関した話題が多い。

Question 005

現在のF1では、フェラーリを例外としてボディはスポンサーのカラーに塗られているが、1968年シーズン開幕までは各国のレーシングカラーに塗られるのが一般的だった。1968年に初めてスポンサーカラーを採用したコンストラクターはどこか。

①フェラーリ
②ブラバム
③ロータス
④クーパー

>>解説

1968年スペインGP、それまでのブリティッシュグリーンにイエローのストライプから一変して、ゴールドリーフたばこのパッケージと同じ、金／赤／白のカラーに塗られて登場、見る者の度肝を抜いたのがロータスだった。これは比較的やさしい問題。2番目にスポンサーカラーに塗られて出場したのは、1970年初戦の南アフリカGPにデビューしたマーチ（ワークス）。イギリスのチームだが、全身スポンサーとなったSTPのコーポレート・カラーである真っ赤に塗られた。68年のスペインGPといえばジム・クラークがF2で事故死してすぐのグランプリ。ひとつの時代の終焉を、このスポンサーカラーの登場は物語っているかのようだった。

>>答え ③

>>ポイント

日本のレーシングカラーはアイボリーホワイトに赤い日の丸。1964年8月2日、ニュルブルクリンクで開催された西ドイツGPでF1デビューを果たしたホンダF1がこのカラーで登場した。

Question 006

ブランドエンブレムに使われる動物の中で、顔の向きが違うのはどれか。

① フェラーリ
② プジョー
③ ランボルギーニ
④ ジャガー

>>解説

フェラーリの「カヴァリーノ・ランパンテ(跳ね馬)」、プジョーの「ライオン」、ジャガーの「リーピングキャット」はともに、正面から見て左を向いている。

これに対して、ランボルギーニの「ファイティングブル」のみが右に首を傾げている。

>>答え ③

>>ポイント

メーカーのエンブレムにはメーカーの歴史が込められており、それが生まれた経緯や意味は興味深い。

Question 007

乗用車の安全ボディの呼称はメーカーによって異なるが、次のうちでそれに該当しないのはどれか。

① G-CON
② PROTECT
③ MAGMA
④ GOA

>>解説

衝突安全ボディとは所定の安全基準を満たしているボディ構造をいう。各自動車メーカーは以前から乗員の保護を第一義とした衝突安全ボディの開発に力を注いできたが、1993年に改定された道路運送車両の保安基準に従い、94年4月以降に作られる新型車は前面衝突試験に適応するボディ構造を採らなければならなくなった。それを衝突安全ボディと称している。トヨタ（レクサス含む）がGOA、日産がゾーンボディ、マツダがMAGMA、ホンダがG-CONと呼んでいるのがそれだ。ほかにダイハツ、三菱、スバル、スズキも名称を持つが、PROTECTというのはない。

>>答え　②

>>ポイント

安全ボディに限らず、各メーカーはそれぞれ独自の名称を付けてそれ以前のものと区別している。

Question **008**

BMWのエンブレムを彩る「青」の意味するものは何か。

①空
②海
③勝利
④悲しみ

>>解説

航空機のエンジンメーカーらしく、青と白に塗り分けたデザインは空の青と白い雲、プロペラを表わしている。青と白の色とデザインは、BMWが本拠を置くバイエルンを治めていた、バイエルン王ヴィッテルスバッハ家の紋章に起源を持つ旧バイエルン王国の旗にちなんでいる。

>>答え ①

>>ポイント

プロペラを表すことは知られているが、旧バイエルン王国の紋章に因んでいることはあまり知られていない。

Question 009

ターボチャージャー付きエンジンでは、圧縮空気が発熱することで膨張し、シリンダーへの充填効率が悪化してしまう。この対策として用いられる装置はなにか。

① 水噴射
② スーパーチャージャー
③ インタークーラー
④ ポップオフバルブ

>>解説

過給器で空気に圧を加えると高温になるため、エンジンに送り込む前にそれを冷やす必要がある。その冷却装置として使われるのがインタークーラーだ。いわば吸入気のラジエタ―で、走行風に当てて冷却する空冷式と、冷却水を使って冷やす水冷式がある。過給圧が高くなるほどその必要性は増してくる。

>>答え ③

>>ポイント

厳密にいえば、多段過給を行なう場合に、過給器と過給器との間に配置する中間冷却器のことをインタークーラーといい、エンジンの手前の冷却器はアフタークーラーと呼ばれるが、現在では、吸気冷却器全般をすべてインタークーラーと呼んでいる。

Question 010

通常の金属バネとダンパーを使わず、空気圧や油圧で作動するアクチュエーターを用い、路面状態をセンサーで感知し、コンピューター制御によりサスペンションをコントロールするシステムを何というか。

①関連懸架
②エア・サスペンション
③アクティブ・サスペンション
④マルチリンク・サスペンション

2級

>>解説

アクティブ・サスペンションは、電子制御によってサスペンションの特性を変化させる機構。快適な乗り心地を求めるロードカーではもちろん有益だが、レーシングカーにおいて姿勢変化が抑えられることから、ハンドリングや空力面で有効で、レギュレーションで禁じられる以前はF1でもポテンシャルを発揮したことがある。通常のスプリングとダンパーではなく、ダンパーの油圧を積極的に制御することでサスペンション特性を改善しようというシステムだ。

>>答え　③

>>ポイント

日本の乗用車にも採用例があるが、大幅な車両価格の上昇が避けられぬことから、広く普及するには至っていない。

Question 011

1961年7月、東洋工業（現：マツダ）が西ドイツのある会社と技術提携を結び、将来の生産化を目指した技術はなにか。

①プレッシャーウェーブ・スーパーチャージャー
②ヴァンケル（ロータリー）・エンジン
③ガスタービン・エンジン
④ミラーサイクル・エンジン

>>解説

1961年7月に東洋工業（現：マツダ）が、西ドイツ（当時）のフェリックス・ヴァンケル博士が完成した「連続回転機関」の特許を取得、ヴァンケル（ロータリー）・エンジンの開発に着手した。鳴り物入りの新技術だったが、まだ実験室レベルに過ぎず、実用化には多くの難問を解決する必要があった。GMやダイムラー・ベンツを筆頭に、世界中の多くのメーカーがこぞってライセンスを買い入れて研究開発に躍起となったが、結果的に自動車メーカーで完成の域まで熟成させたのは、本家のNSUと日本のマツダのみであった。NSUが撤退してからは、マツダだけが今日に至るまでロータリー・エンジン搭載車を生産し続けている。

>>答え ②

>>ポイント

マツダのロータリー・エンジン開発の歩みは、日本人技術者の開発能力の素晴らしさを象徴するエピソードとして、また排ガス規制や燃費問題とも関連づけて記憶しておきたい。

Question 012

1929年に第1回が行なわれたグランプリレースで、現在も同じコースで開催されているレースはどれか。

① イギリス・グランプリ
② モナコ・グランプリ
③ ドイツ・グランプリ
④ オランダ・グランプリ

>>解説

最初の開催年度に自信がなければ、消去法で考えてみよう。まずオランダGPはもう何年もF1選手権から外れている。ドイツGPは、2007年以降はニュルブルクリンクとホッケンハイムの隔年開催になったため「現在も同じコース」にあてはまらない。イギリスGPは近年ずっとシルバーストーンでの開催だが、かつてはブランズハッチなど別のサーキットでも開催されたため同じ理由で外れる。モナコはほかにサーキットが存在しない。モナコGPは現在のグランプリが制定される1950年以前から自動車レースが開催されており、その起源は1929年に遡る。途中、第二次世界大戦で中断された時期はあるものの、現在まで続く指折りのクラシックレースである。

>>答え　②

>>ポイント

ヨーロッパでも名高い観光地で開催されるモナコGPは、いろいろな点で設問が作りやすいレース。ドライバーの優勝記録や、コースオフして海に落ちるなどのモナコらしいアクシデントも記憶に入れておくといい。

Question 013

第2回日本グランプリでポルシェ904GTSと相まみえ、2位から6位を占めた日本車はなにか。

① いすゞベレットGT
② プリンス・スカイラインGT
③ ダットサン・フェアレディ
④ プリンスR380

>>解説

第2回日本グランプリの制覇を目論んでプリンス自動車はスカイラインGTを製作した。本来は1500cc4気筒エンジンを搭載するスカイラインのホイールベースを延長し、グロリア用の直列6気筒SOHC2000ccエンジンを搭載、これに3基のウェバー・キャブレターを装着するという当時の日本では最高峰に位置する高性能モデルだった。優勝は間違いなしとの前評判だったが、急遽空輸によって持ち込まれたポルシェ904GTSがスカイラインの前に立ちはだかった。結果はポルシェが勝ち、スカイラインGTは2～6位を占めた。だが、誰の目にも格上と映るポルシェを相手に、1度は首位に立つほどの善戦を見せたスカイラインに観客は沸いた。これが、「スカイライン神話」の始まりと言われている。

>>答え ②

プリンス・スカイラインGT

>>ポイント

スカイラインGTとポルシェ904GTSは同じGT-Ⅱレースに出場したとはいえ、純レーシングカーの904に対して、4ドアセダンのスカイラインGTの劣勢は明白だった。この経験を生かしてプリンスはR380を開発する。

Question 014

ホンダ・レジェンドの北米アキュラ・ブランドでの販売名はどれか。

① MDX
② RL
③ Q45
④ LS400

>>解説

ホンダが1986年から北アメリカと香港で展開を開始した高級ブランドがアキュラだ。NSXもアキュラ・ブランドで販売された。そのトップレンジに位置するサルーンが、日本ではレジェンドの名で販売されているRLだ。このほか、TL（ミドルサイズセダン）、TSX（スモールセダン、日欧のアコードがベース）、MDX（大型SUV）、RDX（中型ミドルサイズSUV）などがあり、インテグラもアキュラ・ブランドだった。

>>答え　②

>>ポイント

ホンダのアキュラ、トヨタのレクサス、日産のインフィニティなど、日本のメーカーが立ち上げた高級車ブランド名は覚えておきたい。マツダが計画しながらも立ち消えになった北米向け高級ブランドの「アマティ」も記憶しておけば完璧だ。

Question 015

このスポーツカーはどのクルマのプロトタイプか。

① トヨタ・スポーツ 800
② ダイハツ・コンパーノ
③ ホンダ・スポーツ
④ マツダ・コスモ・スポーツ

>>解説

パブリカ 700 をベースにしたトヨタのコンセプトモデルで、1962 年の全日本自動車ショー（現在の東京モーターショー）に出品された。最大の特徴は小型飛行機のように大きく後方にスライドするルーフで、通常のドアはなく、乗員はルーフをスライドさせて乗り降りする。このデザインのままでは生産化には至らなかったが、軽量スポーツカーのコンセプトは、のちにトヨタ・スポーツ 800 として実を結んだ。

>>答え ①

>>ポイント

1960 年代には日本でも多くのスポーツカーが産声をあげている。ここに挙げた 4 台のスポーツカーは、今日でも高く評価されている。簡単なスペック程度の概要だけでも記憶しておきたい。

Question 016

1955年シーズンをもってランチアはグランプリレースから撤退し、完成していたGPカーをあるメーカーに委譲した。ランチアからクルマを委譲されたメーカーはどこか。

①フィアット
②アルファ・ロメオ
③マセラティ
④フェラーリ

>>解説

スポーツカーレースで活躍していたランチアは、1954年シーズンの最終戦からGPレースに参戦したが、それから間もない1955年5月末にワークスドライバーのアスカーリを事故で失った。この事故に加えて財政難となっていたことも理由に、シーズン半ばでグランプリレースからの撤退を決定。グランプリカーをスペアパーツもろともフェラーリに譲渡し、フェラーリはこのマシーンに改良を施してレースに参戦した。ヴィットリオ・ヤーノが手がけたD50と呼ばれるマシーンは、V8エンジンをフレームの構造材に使うという先進的な設計で、高いポテンシャルを備えていた。

>>答え ④

ランチア D50

>>ポイント

ランチアというとラリーのイメージが強いが、スポーツカーレースやF1に参戦していた時期もある。1955年といえばメルセデスがスポーツカーレースでもF1でも猛威を奮っていた時代。そしてルマンで大事故が起こった年だ。

Question 017

写真のこのクルマはルノー 4CV をベースとしている。これは何か。

① オトブル
② アルピーヌ
③ ルノー・フロリード
④ アバルト・モノミッレ

>>解説

ルノーが第二次大戦後に発表した4CVは優れた小型車大衆車であったから、たちまち大ヒットとなった。750ccとエンジンは小さかったが、活発で俊敏な運動性能を持っていた。そんな小気味よさから、簡単に手を入れただけでモータースポーツに参加することも可能で、ミッレミリアにも参加している。またそのポテンシャルの高さからスポーツカーのベースにもなり、モデルがいくつか誕生した。写真のクルマは4CVから派生した中でも筆頭格のアルピーヌA106だ。アルピーヌの歩みはこのA106から始まった。

>>答え ②

>>ポイント

優れた小型大衆車はモータースポーツの裾野を広げたのはもちろん、小型スポーツカーのベースにもなった。フィアット500や600からアバルトが、同じくフィアット1100からはチシタリアを筆頭に数多くの群小スポーツカーが、そしてVWビートルからはポルシェ356が誕生した。

Question 018

燃費が 5km/ℓ のクルマが 1km の走行で排出する二酸化炭素量は何グラムか。

①約 4.6 グラム
②約 46 グラム
③約 460 グラム
④約 4600 グラム

>>解説

概算だが、ガソリン1ℓを消費することによって排出される二酸化炭素は、約 2300g だ。設問では燃費が 5km/ℓ とあるから、その商が答となる。石油燃料は炭化水素なので、大ざっぱに言えば炭素と水素から構成されている。よって、完全燃焼すると炭素は二酸化炭素に、水素は水になる。その際に熱が発生するが、発熱量は炭素の比率が多い方が高い。厳密にいえば、同じガソリンでもレギュラーとハイオクタンでは、添加成分が少ないレギュラーの方がハイオクタンより二酸化炭素の発生量は少ないはずだ。だが、エンジンの燃焼効率がすべてを左右するので、どちらのガソリンを使おうと、燃費がよければ、走行距離当たりの二酸化炭素排出量は少なくなる。

>>答え ③

>>ポイント

二酸化炭素削減が叫ばれている今日では、これに関する出題は多い。

Question 019

スバル360(1958年)に関して、間違った記述はどれか。

① 4人乗りである
② 水冷2ストロークエンジンを搭載
③ モノコック構造を持つ
④ トレーリングアーム／スウィングアクスルを採用

>>解説

国民車構想に沿って富士重工が開発したスバル360には、富士重工のルーツである中島飛行機の時代から蓄積された優れた技術が生かされていた。強制空冷2気筒2ストロークの360ccエンジンがリアに搭載されていた。モノコック構造の軽量高剛性のボディは広い室内空間を備え、サスペンションはトーションバー式の独立懸架を採用。これにより、未舗装が多かった日本の道路でも、快適な乗り心地を実現することができた。

スバル360

>>答え ②

>>ポイント

秀作車の誉れ高いスバル360については、その生い立ち、構造などに様々な興味深いエピソードがあり、日本車に関する出題では必ず出てくる。

Question 020

「プラス100ccの余裕」のCMで知られるクルマはどれか。

① 日産サニー
② ダットサン・ブルーバード
③ トヨペット・コロナ
④ トヨタ・カローラ

>>解説

このキャッチフレーズを使ったのは、初代トヨタ・カローラ（KE10型）だ。1966年10月に誕生したカローラは、同社にとって最も成功したモデルであり、日本に本格的なモータリゼーションをもたらした傑作大衆車だ。ライバルは一足先に登場した初代サニー（B10型）で、サニーの1000ccに対して、カローラは1100cc、すなわち"プラス100ccの余裕"というわけだ。

トヨタ・カローラ1100

>>答え ④

>>ポイント

コロナvsブルーバード、セドリックvsクラウンvsグロリア、サニーvsカローラ。日本車のライバル関係については注目すべきエピソードがたくさんある。

Question 021

1970年にアメリカで改訂された大気汚染防止法、マスキー法が規制の対象としていない排出物は？

① CO
② CO_2
③ HC
④ NOx

>>解説

マスキー法（Muskie Act）は、米国で1970年12月に改定された大気汚染防止のための法律の通称名。正式名は大気浄化法改正案第二章だが、エドムンド・マスキー上院議員が提案したことから、この通称名で呼ばれる。1975年以降に製造する自動車の排出ガス中の一酸化炭素（CO）、炭化水素（HC）の排出量を1970～71年型の1/10以下に、さらに1976年以降の製造車では、窒素酸化物（NOx）の排出量を1970～71年型の1/10以下にすることを義務づけた。だが、北米を筆頭にした自動車メーカーの猛反発にあい、実施されることなく1974年に廃案となった。しかし、深刻化する大気汚染の前には対策は急務となり、これを機に排出ガス規制自体は強化されていった。

>>答え　②

>>ポイント

1970年にマスキー法が成立した当時は、まだ二酸化炭素による地球温暖化の問題は顕在化していなかった。

Question 022

1989年発売のスカイラインGT-Rに関係がないのはどれか。

① 2ペダルMT
② セラミック・ターボ
③ 電子制御4輪駆動
④ 直列6気筒

>>**解説**

日本の経済が好景気の真っ只中にあった1988〜90年には、後世に残る優れた日本車が誕生している。ツインカム6気筒24バルブ・ツインターボエンジンを搭載し、電子制御式の4輪駆動システムを備えたGT-R（R32型）はその筆頭格だ。選択肢のうち①2ペダルMTがGT-Rに採用されるのは、2007年の東京モーターショーでデビューした現行型である。

ニッサン・スカイラインGT-R

>>**答え** ①

>>**ポイント**

1988〜90年にかけて登場した日本車の中には、世界に誇れる優れたモデルがいくつかあるので、1級を目指すなら、新技術の概要は記憶しておきたい。

Question 023

自動車を量産するために不可欠な部品の規格・標準化を認められ、1908 年にイギリスの RAC からディウォー（Dewar）トロフィーを受賞したメーカーはどこか。

①キャデラック
②ロールス・ロイス
③フォード
④プジョー

>>解説

ディウォー・トロフィーとは、自動車の発達に最も貢献したメーカーを毎年 1 社ずつ選ぶもので、1904 年から始まり、当時は自動車界におけるノーベル賞（1901 年開始）にも喩えられていた。キャデラックはそのディウォー・トロフィーを 2 回獲得している。最初に受賞したのは 1908 年のことだ。当時の自動車の製造法は、いわば"現物合わせ"で生産されていたから、部品はひとつずつ異なり、互換性がないために生産性が低いのはもちろん、修理も容易ではなく、これが自動車の実用性を阻害していた。キャデラックはいち早く部品の標準化を推進しており、これが評価されての受賞だった。

>>答え　①

>>ポイント

自動車産業の黎明期に部品の標準化なくしては、自動車の大量生産は実現しなかった。

Question 024

ホンダ NSX に関係のないものはどれか。

① VTEC
②直噴エンジン
③アルミボディ
④リトラクタブル・ヘッドランプ

>>**解説**

日本が好景気に沸く 1989 年に発表されたホンダ NSX には、当時のホンダが持つ技術力が惜しみなく投入されていた。最大の話題は、当時の市販車としては他に例を見ないオールアルミモノコック・ボディを採用したことだ。V 型 6 気筒 DOHC VTEC の 3000cc 自然吸気エンジンをミドシップに横向きに搭載。マイナーチェンジを繰り返しながら 15 年間にわたって生産された。初期モデルはリトラクタブル・ヘッドランプを採用していた。

ホンダ NSX

>>**答え** ②

>>**ポイント**

ホンダを象徴するモデルであると同時に、スカイライン GT-R と並び、日本車の技術の高さを象徴していた。この時期にはセルシオやインフィニティ Q45、ユーノス・ロードスターなどの優れた日本車が誕生している。

Question 025

ターボチャージャーについて、正しい記述はどれか。

①低回転域から過給される
②スーパーチャージャーとは併用できない
③排気の力で空気を圧縮する
④ディーゼル・エンジンには使用できない

>>解説

ターボチャージャーは、より高出力を得るために用いられる過給器のひとつで、排出ガスのエネルギーを利用してタービンを高速回転させ、その回転力で遠心式圧縮機を駆動して圧縮した空気をシリンダー内に送り込む。過給器を持たない自然吸気機関と比べて、大量の混合気を吸入・爆発させることが可能となり、より高い出力を得ることができる。排ガス量が少ない低回転域では効果が少ないため、VWではエンジンから直接駆動するスーパーチャージャーを併用した。

>>答え ③

>>ポイント

かつては高性能車に出力向上の手段として好んで用いられたが、近年では、燃費向上のための技術として、小排気量エンジンに合わせて使われることが多くなった。ディーゼル・エンジンには欠かせない存在になりつつある。

Question 026

2008年にF1を開催していない国はどこか。

①中国
②ロシア
③トルコ
④バーレーン

>>解説

中国GPは2004年、トルコGPは2005年、バーレーンGPは2004年から開催されている。F1誘致に熱心な国は多く、ロシアでもいずれ開催されることだろう。その一方で長い歴史を刻んできたグランプリが資金やサーキットの安全面の問題から開催が危ぶまれる例も少なくない。景気後退によって、F1を巡る環境も大きく変化することだろう。

>>答え　②

>>ポイント

近年は急速に経済活動が活発になってきた国が、巨額を投じてサーキットを建設し、F1開催を誘致している。

Question 027

ベルヌーイの定理で説明できる機構はどれか。

①四輪操舵
②ショックアブソーバー
③ディファレンシャル
④キャブレターのベンチュリ効果

>>解説

ベルヌーイの定理とは、「流速が上がると圧力が下がる」という原理を示す。この原理を用いて説明できるのが、キャブレターのベンチュリ効果だ。エンジンの回転によってキャブレターに吸い込まれた空気は、流路を細く絞った部分（ベンチュリ）を通過する際にベンチュリ効果によって空気の流速が上がるとともに、圧力が大気圧より低下する。この圧力が最も低い場所に燃料を貯めたボウルに繋がる小さな穴（ポート）を設けると、吸い出された燃料はポートから霧吹きのように拡散。これによって混合気が作られる。

>>答え ④

>>ポイント

現在のクルマではキャブレターは姿を消してしまったが、ガソリン・エンジンの基本装置なので簡単な構造は知っておきたい。

Question 028

4ストロークエンジンにおいて、燃焼1サイクルにつき、ピストンは何往復するか。

① 0.5 往復
② 1 往復
③ 2 往復
④ 4 往復

>>解説

吸入→圧縮→燃焼→排気の行程を行なうのが4ストロークだ。ピストンが下降するときに吸入し、ピストンが上昇することで圧縮。燃焼する時にピストンを押し下げ、ピストンが上がることで排気する。すなわち2往復する。これに対して2ストロークエンジンは、ピストン1往復ごとに燃料に点火される。

>>答え ③

>>ポイント

ガソリン・エンジンの基礎的な知識なので、2ストロークとともに、その簡単な構造は記憶しておきたい。

Question 029

「ロード・プライシング」の意味として適当な記述はどれか。

①道路特定財源の英訳
②大都市中心部への公道利用を有料化して交通量を制限する施策
③通行距離に応じて有料道路の料金を決める制度
④地方での道路整備への補助金

>>解説

ロード・プライシングの意味として、ここでは②を正解とする。だが、今日ではその意味をより狭め、都市中心部へのクルマの乗り入れを制限するために道路の利用を有料化する政策措置を指すことが多くなってきた。そのため同義語として道路課金と呼ぶこともある。交通渋滞や大気汚染を低減することが主な目的とされているが、海外ではシンガポール、オスロ、ロンドンなどがすでに同システムを導入しており、それぞれ効果を上げている。混雑が集中しがちな有料道路から交通量を分散させることを目的に、別の有料道路の料金を安くする「環境ロード・プライシング」というものもある。

>>答え　②

>>ポイント

都市中心部へのクルマの過剰な乗り入れで引き起こされる交通渋滞や大気汚染。その対策が日本でも始められようとしていることに留意したい。

Question 030

次のフェラーリのモデルの中で、ミドシップのクルマはどれか。

① 275GTB
② 288GTO
③ 575M
④ 166MM

>>解説

この選択肢にはフェラーリのエポックメイキングなモデルを並べたつもりだが、288GTOだけが異質だ。まずこの中で唯一の8気筒車で、ミドシップにエンジンを搭載している。フェラーリは伝統的に1気筒当たりの排気量をモデル名にすることが多かったが、選択肢のなかで288GTOだけが1気筒あたりの排気量を示すネーミングではなく、2.8ℓ8気筒を由来とする。

フェラーリ288GTO

>>答え ②

>>ポイント

フェラーリに限らず、モデル名の由来についての設問も考えられる。エポックメイキングなモデルだけでもその由来は覚えておきたい。

Question 031

次の名称のうち、ルマン 24 時間レースが行なわれるサルトサーキットのコーナー名はどれか。

①コークスクリュー
②パラボリカ
③ミストラル
④ミュルサンヌ

>>解説

ルマン名物の直線、ユノディエールのあとの直角コーナーがミュルサンヌ。300km/h 超のスピードから一気に 60km/h ほどに減速させられるこのコーナーでは、多くのドライバーが涙を飲んだ。2 級の問題としてはやさしすぎたかもしれない。パラボリカがどこのサーキットのコーナー名かという問題に変えたとしても手応えは変わらないだろう。しかし残りの２つはハイレベル。コークスクリューで有名なのはラグナセカ（現在の所有者はマツダ）――これはわかるとしてもミストラルは 1 級クラスで、フランス、ポールリカールの長い長いストレートの名称だ。

>>答え　④

>>ポイント

2 級や 3 級ではモータースポーツの専門的な知識を必要とする問題は少ないが、歴史的なレースであるルマンのネタは例外。ルマンで大成功を収めたベントレーはミュルサンヌと名付けたモデルを作った。

Question 032

マツダ・アクセラのヨーロッパでの名称はどれか。

① Mazda2
② Mazda3
③ Mazda5
④ Mazda6

>>解説

日本国内ではモデル名を冠しているマツダのサルーン・シリーズは、海外市場では数字をモデル名としている。数字が小さいほど小型モデルになる。MAZDA 2 はデミオ、MAZDA 3 がアクセラ、MAZDA 5 がプレマシー、MAZDA 6 がアテンザだ。

>>答え　②

>>ポイント

日本車は、海外では国内とは違ったモデル名で販売されていることが多い。すべて覚える必要はないが、海外市場で成功しているものや、カー・オブ・ザ・イヤーにノミネートされたクルマなどはチェックしておきたい。

Question 033

図の形式のサスペンションの名は何か。

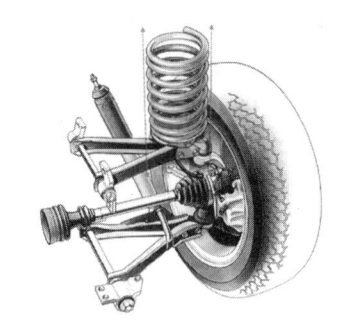

① セミトレーリング
② ダブルウィッシュボーン
③ マルチリンク
④ ストラット

>>解説

上下それぞれ一組のアームでホイールを支持しているこの形式はダブルウィッシュボーン（Double Wishbone）式サスペンションだ。V字形をしたアームが鳥の鎖骨（Wishbone）の形に似ていることからこの名が付いた。必ずしもV型をしている必要はなく、たとえば片方がIアームでも作動状況が同じならこの名で呼ぶ。多く使われているストラット式に比べて剛性が高く、操縦安定性が高いとされている。

>>答え ②

>>ポイント

サスペンションの形式については、基本的なシステムだけは名称と構造を覚えておきたい。

Question 034

1894年にベンツ社が発売したヴェロについて、誤った記述はどれか。

① 初の4輪車ヴィクトリアを小型化したものである
② 累計約1000台製造した
③「自転車のように軽便」が名前の由来
④ 輸出はされなかった

>>解説

"ヴェロ"は単気筒1050ccエンジンを座席後方の下に装備したモデルで、同社の大型モデルを縮小したモデルだ。"ヴェロ"とはフランス語で自転車のことを意味し、自転車のように手軽に使える軽快な車を表わしていた。1898年までに1200台が造られ、世界初の量産車となった。ドイツ国内ばかりでなく、ヨーロッパ諸国やアメリカへも輸出され、いくつかの国ではライセンス生産さえ行なわれて広く普及し、模造品までも造られるほどの人気だった。

ベンツ・ヴェロ

>>答え ④

>>ポイント

1886に誕生した自動車は、ドイツ人が発明し、その技術でフランス人が企業化し、アメリカ人が大量生産したといわれる。

Question 035

次のうち、ヨーロッパ・カー・オブ・ザ・イヤーを受賞していないクルマはどれか。

①トヨタ・プリウス
②ニッサン・マイクラ(マーチ)
③トヨタ・ヤリス(ヴィッツ)
④ホンダ・シビック

>>解説

2008年末現在、ヨーロッパ・カー・オブ・ザ・イヤー(1963年に開始)において日本車が大賞(1位)を受賞したことは3回ある。1993年のニッサン・マイクラ(日本名:マーチ)、2000年のトヨタ・ヤリス(同:ヴィッツ)、2005年のトヨタ・プリウスだ。日本COTYでは強いシビックは、まだ獲得していない。

>>答え ④

>>ポイント

現在ではあまり話題にはのぼらなくなったが、欧州COTYにおける日本車の足跡は記憶しておきたい。欧州COTYでは、未だ未冠のシビックだが、1973年に日本車で初めて欧州COTYで3位以内に入ったのはシビックだった。日本車はその後トップ3に選ばれることはなく、1993年以前では88年に同じくホンダのプレリュードが3位に入ったのみだ。

Question 036

中国で「宝馬」と表記される自動車会社はどれか。

①アウディ
②ポルシェ
③フォルクスワーゲン
④ BMW

>>解説

中国では車名も漢字で表記される。その漢字の選び方がさすが漢字の国と思わせる巧みなものが多い。アウディは「奥迪」、ポルシェは「保時捷」というのは音を当てたものだろうが、フォルクスワーゲンは文字通り「大衆」と表記される。BMWが「宝馬」とは難しい。

>>答え ④

>>ポイント

こうした情報は簡単に手に入るものではないし、そう頻繁に出題されることはないはずだが、クルマにまつわる雑学としていくつかは知っていてもいいだろう。

Question 037

レースで使われるフラッグで、レース終了を示すものはどれか。

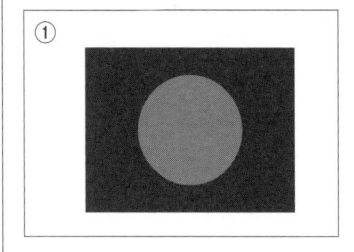

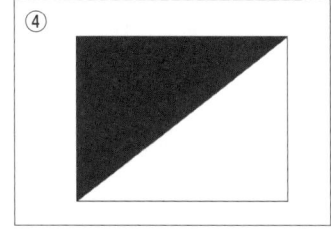

① ② ③ ④

>>解説

① はメカニカルトラブルを、③は路面がすべりやすいことを示す旗、④はスポーツマンシップに反する行為などを警告する旗だ。

>>答え ②

>>ポイント

自分でレースをしなくとも、フラッグの種類を覚えることはレース観戦をより面白くすることにもなる。

Question 038

次のうち、電気自動車について間違った記述はどれか。

① ガソリンエンジン車より歴史が古い
② 1990年代にGMがリース販売していた
③ 地球環境に対する負荷がゼロである
④ 家庭のコンセントから充電できるモデルが開発されている

>>解説

この選択肢はどれもありそうで、なかなか難しい。①と②は歴史的事実なので覚えておきたい。④は最近の自動車についての話題に注意を払っていれば、市販化が間近な技術であることがわかるだろう。③は一見、正しいように見えるが、電気を起こすためにはエネルギーを使うので、環境負荷がゼロというわけではない。

>>答え　③

>>ポイント

地球環境に対する負荷をゼロにすることが電気自動車の理想だ。その理想に近づける方法の有力な手段は太陽電池の活用だ。

Question 039

次のうち、「内燃機関」ではないものはどれか。

① ディーゼルエンジン
② ガソリンエンジン
③ 蒸気機関
④ 焼玉エンジン

>>解説

内燃機関とは、燃焼ガスの膨張エネルギーによってピストンやタービンなどを動かすことで、駆動力を発生する機関だ。一般的には、ガソリンやディーゼルエンジンを指すことが多い。また、航空機に使われるガスタービンやジェットエンジンなども内燃機関だ。選択肢にある蒸気機関は、機関の外部に熱源を置き、内部の流体が膨張・収縮することから動力を取り出す外燃機関である。焼玉エンジンはグローエンジンともいい、燃焼室に備えられたグロープラグの熱によって、燃料を着火するという内燃機関だ。ディーゼル・エンジンのように精密な燃料噴射装置が不要なので構造が簡単。粗悪な燃料でも使用できることから汎用エンジンとして広く普及した。

>>答え ③

>>ポイント

自動車の動力として内燃機関が選ばれたのは、機関自体が比較的小型コンパクトで、エネルギー密度の高い液体燃料を使って高出力を発揮でき、発生出力のコントロールが容易だからだ。

Question 040

パラレル方式を採用するハイブリッド車について、正しくない記述はどれか。

① シリーズ式と比べて仕組みが複雑である
② エンジンとモーターの双方が駆動する
③ エンジンは駆動力としては使わず、発電だけを担う
④ 路線バスなどの大型車でも実用例がある

>>解説

ハイブリッド車とは、複数の動力源を利用して走行する自動車のことを示す。ガソリンやディーゼル・エンジンと、モーターを組み合わせたシステムで、1997年にトヨタがプリウスを発表してから広く知られるようになった。現行のハイブリッド車にはシリーズ式とパラレル式があり、前者はエンジンが発電のみを行ない、発生した電力を使ってモーターで駆動。後者はエンジンとモーターを状況に応じて動力源として併用したり、どちらか一方を使い分けたりする。さらにハイブリッド車には回生ブレーキが加わり、減速時には駆動用モーターが発電機として働き、バッテリーに電気を蓄える。

>>答え ③

>>ポイント

プリウスの独壇場に等しかったハイブリッド乗用車市場に、低価格を売り物に乗り込んだのがインサイト。ますます激化するに違いないこの市場から当分、目が離せない。

Question 041

次のうち、車検の点検項目にないものはどれか。

① パーキングブレーキの引きしろ
② マスターシリンダーの液漏れ
③ 0-100m 加速
④ マフラーの緩み

>>解説

車検とは、国土交通省が定める自動車検査登録制度で、「道路運送車両の保安基準」に適合しているかを調べるものなので、クルマが安全に走行できるために不可欠な項目の整備状態を確認する。

>>答え ③

>>ポイント

一度でも車検場に行ったことのある人なら簡単な問題だ。台上試験を行なっているのは速度計の誤差やブレーキの能力を調べているのであって、加速性能を調べる施設など場内のどこにもない。

Question 042

ピエゾ素子式インジェクターを用い、高速な制御で環境性能を向上させ、静粛性も高めたディーゼル・エンジンの方式はどれか。

① ユニットインジェクター式
② ジャーク式
③ コモンレール式
④ ユニフロー式

>>解説

ピエゾ素子(圧電素子)とは、圧電体に加わった力を電圧に変換、あるいは電圧を力に変換する圧電効果を利用した受動素子。これを利用したインジェクターが用いられるのはコモンレール式ディーゼル・エンジンだ。1600気圧以上の超高圧に増圧された燃料を、ナノ秒(10億分の1秒)単位で多段噴射(1回の燃焼で3～5回程度)させるため、噴射ノズルの開弁用アクチュエーターとして用いられる。コモンレールとは、高圧化した燃料を蓄え、各インジェクターへ均一に与えるための部屋を示す。高圧で燃料噴射を行なうことでPMや黒煙を低減し、電子制御によって噴射圧力や噴射時期、噴射期間(噴射量)を自由に制御することでNOxを低減する。これを可能にしたのがピエゾ素子式インジェクターだ。

>>答え ③

>>ポイント

ディーゼル・エンジンに従来から用いられていた噴射ポンプの場合、噴射圧力はエンジン回転数に比例しているので、低回転域で噴射圧力を上げることが困難であった。これに対して、コモンレール式はエンジン回転数にかかわらず噴射圧力を制御できるため、すべての回転域でクリーンな排ガスが実現できる。

Question 043

これらのクルマをデザインしたカロッツェリアはどれか。

① ミケロッティ
② ピニンファリーナ
③ ベルトーネ
④ ザガート

>>解説

ここに掲げた写真は、左から BMW700、日野コンテッサ、トライアンフ TR4 だ。いずれもイタリアのミケロッティが手掛けたものだ。ジョヴァンニ・ミケロッティ（1921〜1980年）が、1947年に独立して興したのがカロッツェリア・ミケロッティで、日本では日野自動車とプリンス自動車がデザインを依頼したことがある。

>>答え　①

>>ポイント

自社内にデザイン部門を持つメーカーであっても、外部にデザインを委託することが珍しくなかった時代、イタリアのカロッツェリアは世界中で活躍していた。現在ではミケロッティの名を聞くことはなくなったが、日本車とは関係の深かった同社の名は記憶しておきたい。

Question 044

三元触媒によって浄化・還元される物質の組み合わせとして正しいものはどれか。

① NOx・H_2O・PM
② CO・CO_2・O_3
③ HC・O_2・Pt
④ CO・HC・NOx

>>解説

ガソリン自動車の排出ガスを浄化する装置としてもっとも一般的なものが、三元触媒(3-way Catalyst)だ。排出ガス中の、一酸化炭素(CO)、炭化水素(HC)、窒素酸化物(NOx)という三大有害物質を同時に浄化する。COとHCは酸化することで二酸化炭素(CO_2)と水蒸気(H_2O)に、NOxは還元して窒素(N_2)と酸素(O_2)に変換する。三元触媒を働かせるためには、エンジンの空燃比を常に理論空燃比近くに保つ必要があり、電子制御技術の発達があって実現可能となったシステムだ。

>>答え ④

>>ポイント

便利な浄化システムだが、機構ゆえに空燃比の精密なコントロールができないディーゼルには適用不可能だ。

Question 045

1980年の出来事として正しいものはどれか。

①日本の自動車海外生産が世界第1位になった
②日本の自動車輸出台数が世界第1位になった
③日本の自動車総生産が世界第1位になった
④日本の自動車輸入が完全に自由化された

>>解説

この年、日本の自動車輸出台数が世界第1位になった。中でも日本車が売れに売れたのはアメリカ市場であった。この結果、アメリカの対日貿易赤字が増大し、日本車が貿易摩擦の象徴として糾弾されることにもなった。これ以降、日本のメーカーは米国内での生産をはかり、現地部品調達率のアップに努めるようになる。

>>答え　②

>>ポイント

排ガス浄化問題やオイルショックなどの難題を乗り越えることで、日本車は磨かれ、成長していった。アメリカでの日本車バッシングは日本車の躍進を象徴するできごとだったといえよう。燃費、排ガスと関連づけて覚えておきたい。

Question 046

エンジンが理論空燃比より薄い混合気で燃焼する時に発生しやすいとされる物質は何か。

① CO
② NOx
③ H_2O
④ HC

>>解説

混合気中の酸素と燃料が最良の状態で反応する時の空燃比を理論空燃比といい、ガソリンの場合の理論空燃比は14.7：1だ。すなわちガソリン1gが燃焼するためには14.7gの空気を必要とする。理論的にはこの理論空燃比より薄い混合気で燃焼させると酸素過多の状態になるため、窒素酸化物（NOx）が発生しやすくなる。

>>答え　②

>>ポイント

これはあくまで理想で、常に理論空燃比であればいいというわけではない。コールドスタート直後や低回転時、経済運転時、急加速時では求められる空燃比は大きく異なる。すなわちエンジンの運転状態や道路状況などの環境にもよって左右されるため、排ガス浄化は極めて難しくなる。

Question 047

トヨタ 2000GT についての記述で間違っているものはどれか。

① バックボーン型フレームを持つ
② 価格は約 100 万円
③ 富士 24 時間レースで優勝した
④ 生産台数は 400 台以下

>>解説

トヨタ 2000GT はトヨタが企画・設計し、ヤマハ発動機の協力のもとに作られた本格的スポーツカー。ロータス・エランと同様のバックボーンフレーム構造を採り、生産も手作りの部分が多かった。それだけに価格は 238 万円と当時の日本車の中では最も高価で、3 年半の生産期間中に作られた台数も 400 台に達しないほどの少量生産であった。スポーツカーとしての実績は当時スポーツカーを持つメーカーが熱心だった国際スピードトライアルに発売前年の 1966 年に挑戦、3 つの世界記録と 13 の国際新記録を樹立したほか、67 年には富士スピードウェイで開かれた 24 時間レースに優勝している。

トヨタ 2000GT

>>答え ②

>>ポイント

当時の大学初任給が約 2 万 6000 円ということを知れば、238 万円という価格がいかに高価で、このクルマがいかに高嶺の花の存在だったかが分かるだろう。ちなみにフェアレディ 2000（SR311）は 86 万円だった。

Question 048

トヨタが北米で展開するブランドとして適当でないものはどれか。

① サイオン
② アキュラ
③ レクサス
④ トヨタ

>>解説

解答の中で④のトヨタと③のレクサスは誰でも分かるだろう。②のアキュラはホンダのブランドだ。①のサイオン (Scion) は、トヨタが 2003 年からアメリカで展開しているブランドで、ジェネレーション Y と呼ばれる若年層をターゲットとし、若者に好まれるようなファッション性や都会的イメージを打ち出している。専売のディーラー網を構築するのではなく、トヨタ店内にサイオン・コーナーを設けて販売している。

サイオンのエンブレム

>>答え ②

>>ポイント

サイオンは若い顧客層に向けた販売チャンネルなので、ist や bB などをベースにしたモデルを投入している。サイオンで育った顧客をトヨタに引き込もうという戦略だ。

Question 049

2007年の日本の輸入車台数は何台か。

①約2万台
②約26万台
③約42万台
④約56万台

>>解説

JAIA（日本自動車輸入組合）の統計資料によれば、通年の統計を取り始めた1967（昭和42）年の輸入車台数はおよそ1万5000台だった。2万台を超えたのは1972年のことで、75年には4万台を超え、79年には6万台に乗せた。しかし翌80年にはおよそ4万5000台まで下落、しばらくは低迷期が続いた。復調の兆しが見えたのは約4万2000台までに復した84年のことで、これ以降はほぼ順調に伸び続けて1996年に42万台を数えるに至った。これが現在までの最多記録である。だが、2年後の1998年には30万台の大台を割り、その後一度も40万の大台を回復していない。

>>答え ②

>>ポイント

輸入車の販売状況は経済状況も反映しているが、一挙に大きく伸びることになった要因は、海外メーカーが資本を投下して日本法人を作り、旧来からの輸入車販売体制を改めたからにほかならない。

Question 050

V型8気筒4サイクル・レシプロエンジンの点火順序のうち正しくないのはどれか。(出力軸側を後方とする)

① 1-6-3-5-4-7-2-8
② 1-5-4-8-6-3-7-2
③ 1-8-3-6-4-5-2-7
④ 1-2-3-4-5-6-7-8

>>解説

V型8気筒サイクル・レシプロエンジンは、④の1-2-3-4-5-6-7-8と順序よく点火することはない。

>>答え　④

>>ポイント

燃焼順序は複数のシリンダーの燃焼が始まる順番だ。エンジンの構造、点火間隔の均質性、クランクシャフトの生産性、クランクシャフトへの適切な負荷など、様々な要因によって決まる。

Question 051

次のエンブレムのうち、ロシア車のものは？

① ② ③ ④

>>解説
①はデ・トマゾ、②はラーダ、③はシュコダ、④はダッジのエンブレム。このなかでは、最近になって再上陸したクライスラーのブランドであるダッジのエンブレムを街で見かけるようになった。イタリアのデ・トマゾはヒストリックカーファンには見覚えがあるはず。シュコダはチェコの老舗メーカーで現在はVWの傘下にある。ラーダ（LADA）はロシアのアフトヴァーズ（AvtoVAZ、ヴォルガ自動車製作所）が生産するブランド。日本には1980年代に「ニーヴァ」が輸入されたことがある。

>>答え　②

>>ポイント
日本に輸入されていないメーカーのエンブレムはなかなか見る機会がないが、チャンスがあれば調べておきたい。

Question 052

『ハリー・ポッターと秘密の部屋』に登場する"空飛ぶクルマ"とはどのモデルか。

① フォルクスワーゲン・ビートル
② オースチン・セヴン
③ フォード・アングリア
④ モーリス・ミニ

>>解説

特急列車に乗り遅れたハリー・ポッターが空飛ぶアングリアに乗ってホグワーツ魔法校に向かうシーンがある。このクルマが選ばれた理由は定かではないが、目を見開いたようなヘッドライトや、クリフカットと呼ばれるリアウィンドーの形状を見ればさもありなんと思うことだろう。

フォード・アングリア

>>答え ③

>>ポイント

1959年9月にデビューした2世代目アングリアが映画に登場した。1967年末に生産を終えるまでの8年間に約129万台が造られるという、ポピュラーな存在だった。

Question 053

次の交通標識のうち、「右(または左)背向屈折あり」を示すのはどれか。

① ② ③ ④

>>解説

運転者にとっては覚えておくことが必須の交通標識。ここには似たような(?)図案の道路状況を示すものを並べてみた。②は「右方屈折あり」、③は「つづら折りあり、④は「合流交通あり」を示す。

>>答え ①

>>ポイント

運転免許証を取得するときには必死に覚えたに違いない交通標識。案外忘れていることもあるから、この検定を機会に復習してみてはいかがだろうか。

Question 054

高速道路のKmポストを頼りに1kmを30秒ちょうどで走った時、その区間の平均速度は時速何キロか。

① 50km/h
② 80km/h
③ 120km/h
④ 140km/h

>>解説
1kmを30秒で走るということは、分速が2km。これを時速に直すと、2×60＝120km/hとなる。腕時計に備わるタキメーターを使えば、ストップウォッチの指針が指し示すところがすなわち時速になる。

>>答え　③

>>ポイント
高速道路の路肩に備わる「kmポスト」を利用すれば、距離計の誤差もチェックすることができる。

Question 055

次のうち、最も早く発売されたクルマはどれか。

①ポルシェ 911
②ホンダ S500
③シトロエン DS
④トヨタ 2000GT

>>解説

ここに挙げた4台のクルマはどれも自動車史のなかでエポックメイキングなクルマばかりだ。①ポルシェ911は1963年に発売。②ホンダS500は1962年の東京モーターショーで初公開され、翌63年に発売。③のシトロエンDSは1955年パリ・サロンでデビューし、同年に発売。④のトヨタ2000GTは1965年の東京モーターショーでデビューし、発売は1967年から。

シトロエンDS（1955年パリ・サロン）

>>答え　③

>>ポイント

先進的な技術とデザインをまとって登場したシトロエンDSは、同時代のクルマに比べて20年は先んじていたといわれる。DSに関連した問題は出題される可能性は高い。

Question 056

日産とプリンスが合併したのはいつか。

① 1930 年
② 1945 年
③ 1966 年
④ 1996 年

>>解説

プリンス自動車工業株式会社は、自動車の輸入自由化を目前にした 1966 年 8 月 1 日に日産自動車と合併し、独立メーカーとしての歴史を閉じた。事実上、日産自動車による吸収合併で、工場、従業員、販売網、生産モデルが日産自動車系列に引き継がれた。

合併後のスカイラインのカタログ

>>答え ③

>>ポイント

プリンス自動車が生産していたグロリアやスカイライン、クリッパーやホーマーなどの乗用車や商業車のラインナップは日産に引き継がれ、現在でもその名の多くは残されている。

Question 057

次のうち、「歩行者専用」を示す標識はどれか。

① ② ③ ④

>>解説
ここでは歩行者に関係した交通標識を問題としている。①は「学校、幼稚園、保育所等あり」、②は「並進可」、③は「横断歩道」を表わす。

>>答え ④

>>ポイント
運転しなくても交通標識は現代人の必須知識だろう。自動車文化検定では交通標識についての設問も当然用意されている。

Question 058

「レクサス」のディーラー向け研修所「レクサスカレッジ」があるのはどこか。

① トヨタ自動車東京本社
② トヨタ鞍ヶ池記念館
③ 富士スピードウェイ
④ 豊田佐吉記念館

>>解説

レクサスカレッジとは、高級車ブランドのレクサスを日本市場で展開するにあたってトヨタが設けた施設。正式名を「富士レクサスカレッジ」といい、2005年8月に富士スピードウェイ内にオープンした。レクサス店の従業員研修が主な目的で、レクサスが目指す「最高の販売・サービス」を実現するための人材育成拠点だ。1階ホールがレクサス店の標準店舗と同じ仕様で造られているほか、14台のピット研修ができる整備場もモデルサービス工場と同一仕様だ。

>>答え ③

>>ポイント

富士スピードウェイはトヨタ自動車が傘下に収めたあと、全面改修を加えてコースも生まれ変わったのは周知のとおりだ。広い場内にはジムカーナやドリフトコースのほか、トヨタ安全運転センターのモビリタも設けられている。

Question 059

F1グランプリに日本人として初めてフル参戦したのは誰か。

①片山右京
②鈴木亜久里
③中嶋悟
④星野一義

>>解説

この4人は皆F1に参戦したことがある。星野一義がF1に出場したのは76年の日本で最初のF1GP、「F1世界選手権・イン・ジャパン」。雨の富士で一時は3位を走行する活躍を見せたが、その後はF1に乗る機会には恵まれなかった。あとの3人はいずれもフルタイムでF1に参戦した経験を持つ。中嶋悟は1987年〜91年、鈴木亜久里は1989年（88年に1戦参加）〜95年（94年は不参加）、片山右京は1992年〜97年にそれぞれ参戦、ということで日本人初のフルタイムF1ドライバーは中嶋悟である。

>>答え ③

>>ポイント

中嶋は1953年生まれ、34歳でF1デビュー、乗った車はキャメルカラーのロータス・ホンダ、エンジンは1.5ℓターボ、チームメイトはセナ、同年のイギリスGPで4位入賞……と関連づけて覚えてみては。

Question 060

F1モナコGP、ルマン24時間レース、インディ500の3レースをすべて制したレーシングドライバーは誰か。

① グレアム・ヒル
② ジャッキー・イクス
③ マリオ・アンドレッティ
④ ブルース・マクラーレン

>>解説

設問に挙げたのは、世界の3大レースと言われ、モナコGP(初回は1929年)、ルマン(同1923年)、インディ(同1911年)と古い歴史を持つ。選択肢の4人はいずれもオールラウンドドライバーで、F1での優勝経験はもちろん、他のカテゴリーでも優秀な成績を収めている。イクスはスポーツカーレースやパリ・ダカールで、マクラーレンはスポーツカーレースとCan-Amでそれぞれ大活躍。アンドレッティはスポーツカーレースとインディ(ほかにUSAC、のちのCARTのシリーズ全般も)と活躍の幅は広かったがルマンでは勝っていない。ヒルは初出場の66年インディに勝利し、ルマンも72年に勝っている。モナコGPは5度勝利したマイスターだ。この4人のうちモナコで勝ったことがあるのはヒル以外にはマクラーレン(1962年)しかいない。

>>答え ①

>>ポイント

昔のスタードライバーは忙しかった。F1、スポーツカー、インディをかけもちで回っており、年によってはインディの予選終了後モナコGPを戦い、またアメリカに戻ってインディ本戦を走るという離れ業をこなすドライバーもいた。

Question 061

「空飛ぶマントヴァ人」と呼ばれた伝説的なレーシングドライバーは誰か。

① タツィオ・ヌヴォラーリ
② アキッレ・ヴァルツィ
③ ジュゼッペ・カンパーリ
④ ニーノ・ファリーナ

>>解説

ここに挙げた4人のドライバーは、すべて第二次大戦前から一部は戦後にかけて活躍したイタリアのドライバーだ。その出身地から「空飛ぶマントヴァ人」と呼ばれたのは、タツィオ・ヌヴォラーリだ。ヌヴォラーリの好敵手であったヴァルツィは「ガリアーテ紳士」と呼ばれた。

タツィオ・ヌヴォラーリ

>>答え ①

>>ポイント

この4人の人となりをすべて覚えておく必要はないだろう。だが、タツィオ・ヌヴォラーリが戦前のアルファ・ロメオで多くの活躍をしたこと、乗りこなすことが困難なアウトウニオンGPカーを見事に操ったことだけは記憶しておきたい。

Question 062

イタリア・ミラノのカロッツェリア、トゥーリングが特許を持っていたボディ構造の名称はどれか。

① スーパーレッジェーラ
② モノコック・ボディ
③ プラットフォーム・シャシー
④ バードケージ・シャシー

>>**解説**

トゥーリングはもはや存在しないカロッツェリアだが、同社が考案したボディ構造は、ごく細い径の鋼管を組み上げることでボディの骨格を形成し、これに薄いアルミパネルを被せるというものだ。たいへん軽量であったことから、超軽量という意味のスーパーレッジェーラと名付けられていた。ボディにはそのロゴが入っている。

トゥーリング社の広報写真から

>>**答え ①**

>>**ポイント**

当時のトゥーリング社の広報写真には、2人の女性が軽々とボディの骨格を持ち上げているものがある。

Question 063

次のうち、GMグループに属さない自動車メーカーはどれか。

① オペル
② ホールデン
③ いすゞ自動車
④ サーブ

>>解説

どれも GM と関係の深いメーカーだが、現在も GM と資本関係にあるのはオペル、ホールデン、サーブ。いすゞに関しては、2006年3月に保有株式を売却したことで資本提携を解消している。また存亡の危機にある GM は、経営立て直しのためにサーブも売却する方針であり、オペルも GM から離れると噂されている。

>>答え ③

>>ポイント

自動車メーカーの提携、資本関係の動きは問題に出やすい。最近は投資会社も絡んでいるので注意したいところだ。

Question 064

2007-2008年の日本カー・オブ・ザ・イヤーを受賞したクルマはどれか。

①ホンダ・フィット
②マツダ・デミオ
③メルセデス・ベンツ C クラスセダン
④ニッサン・スカイライン／スカイラインクーペ

>>解説

第8回となる2007-2008年日本COTYを受賞したのは、374点を得たホンダ・フィットだった。2位は299点を獲得したメルセデス・ベンツ C クラスセダン、3位はスバル・インプレッサ WRX STI（273点）、4位はニッサン・スカイライン／スカイライン・クーペ（245点）だ。

>>答え ①

>>ポイント

日本カー・オブ・ザ・イヤーは、60名の選考委員の投票によって決まる。第1回（1980～81年）は、マツダ・ファミリア3ドアハッチバックが受賞した。

Question **065**

2008年10月、日本でも世界ツーリングカー選手権（WTCC）が開催される。そのサーキットはどこか。

①鈴鹿サーキット
②筑波サーキット
③スポーツランドSUGO
④岡山国際サーキット

2級

>>解説
WTCCとはツーリングカーによる世界選手権レースのこと。本格的には2005年からFIA認可のもとでスタートした。レースは2ヒート制で行なわれ、2つめのレースは1レースめの結果の逆順に並んでスタートを切る。クルマはセアト、BMW、シボレー、ホンダが2008年のトップ4で、ドライバーはG.タルキーニ、I.ミューラー、R.リデルらが覇を競っている。日本では2008年10月8日に行なわれた岡山国際サーキットが初開催となった。

>>答え ④

>>ポイント
街で見かけるクルマが出場することから人気があるツーリングカーレースの歴史は古いが、これまではどれも地域ごとに展開されてきた。日本上陸を機に世界選手権となった新時代のツーリングカーレースの盛り上がりが期待されている。

Question 066

次のうち、衝突安全（パッシブセーフティ）と関連の薄い技術はどれか。

①ブレーキアシスト
②衝突安全ボディ
③レーダークルーズコントロール
④エアバッグシステム

>>解説

万一の事故の際にも乗員の安全を確保する受動的安全性を、パッシブセーフティという。クラッシュパッド付きダッシュボード、シートベルト、ヘッドレスト、エアバッグなどがその代表的なものだ。また、衝突安全ボディや、ドア内部のサイドインパクトバーなど、ボディ構造に負うものもパッシブセーフティにあたる。

>>答え　③

>>ポイント

受動安全に対し、事故を未然に防ぐことを目的に考え出された安全装置がアクティブセーフティだ。

Question 067

1960年代、ホンダS800ベースのレーシングカーが日本のレースで活躍した。林ミノルの手がけたクルマはどれか。

①マクランサ
②カラス
③コニリオ
④カムイ

>>解説

ここに記した4台は、すべてホンダ・スポーツをベースしたスペシャルだ。マクランサもカラスも林ミノルの作ったクルマだが、マクランサがS800をもとに作られたのに対し、カラスはS600がベースだ。S600のノーズを伸ばし、テールをファストバックにモディファイしている。全体が黒い色で塗られたことからカラスと名付けられた。カラスを操ったのは、あの伝説のドライバー、浮谷東次郎だ。量産車の重いボディを軽いFRP製に換えた点がキモで、高い戦闘力を活かし、ひとクラス上のクルマたちを食うほどの健闘を見せた。コニリオもホンダ・スポーツ・スペシャルのなかでは完成度が高かった。レーシングクォータリーがエンジニアリングを担当し、FRPボディは工業デザイナーの浜 素紀が手がけた。カムイは元無限代表の本田博俊によるS800スペシャル。

>>答え ①

>>ポイント

当時、ホンダ・スポーツのシャシーやパワートレーンを利用したレーシングカーが多く作られたのは、強力なエンジンもさることながら、モノコック構造ではなく、独立したフレームを持っていたことが大きな理由だ。容易に入手できたホンダの"エス"は、当時レーシングカー・デザイナーやコンストラクター、そしてドライバーを目指す若者には最適な素材だった。

Question 068

スーパーセヴンに搭載された通称「ケント・ユニット」とは、どのメーカーのエンジンか。

① コヴェントリー・クライマックス
② ヴォクスホール
③ コスワース
④ フォード

>>解説

オリジナルのロータス・セヴン同様、ケイターハムのスーパーセヴンにもさまざまなパワーユニットが用意されている。量産車用エンジンを多少チューンしたものから、ほとんどレーシングエンジンと呼べるものまで多種多様。その中でロータス・セヴン、スーパーセヴン両モデル通じて、人気が高いエンジンがケント・ユニットだ。イギリス・フォードが小型車用に開発した鋳鉄ブロック／鋳鉄ヘッドのOHV4気筒で、1959年のアングリアに初採用された。元は1ℓからスタートしたが、その後1.1、1.3、1.5、1.6、そして1.7へとバリエーションを拡大、スーパーセヴンで有名になったのはヘッドをクロスフロー化したタイプである。

>>答え ④

>>ポイント

ケント・ユニットは長期間にわたって大量に生産されたことで、新品はもとより中古品、スペアパーツが容易に入手できたことが魅力であった。もちろんエンジンの基本設計も確かだった。こうした優れた量産エンジンがモータースポーツを支えていた。最近のフィエスタ、Kaのエンジンも"ケント"の流れを汲んでいるのだから驚かされる。

Question 069

イギリスF3シリーズに参戦していないドライバーは誰か。

① 中嶋 悟
② 鈴木利男
③ 佐藤琢磨
④ 中嶋一貴

>>解説

中嶋一貴が2007年にGP2シリーズ（前身はF3000）で活躍したのは記憶に新しいが、前年の2006年には、トヨタ・ヤングドライバー・プログラムの一環として、ユーロF3シリーズに参加していた。鈴木利男は80年から81年の約2シーズン、佐藤琢磨は99年から2001年までイギリスF3を戦った。このなかで、イギリスF3において最も好成績を収めたのが佐藤である。2001年にはチャンピオンに輝き、同年の"F3世界一決定戦"であるF3インターナショナル・インビテーション・チャレンジ、マールボロ・マスターズF3、マカオGPの3レースすべてを制した。中嶋悟は1978年にイギリスF3にスポット参戦している。

>>答え　④

>>ポイント

F1への登竜門として貴重な存在だったのがイギリスF3シリーズである。とくに70年代後半から80年代まで、多くのF1ドライバーを輩出したシリーズとして知られる。日本人ドライバーとイギリスF3とのつながりは深く、世界を目指す腕利きの若いドライバーが参戦している。

Question 070

1952年、数社が合体するかたちで誕生したイギリスの自動車メーカー「BMC」の正式名称はなにか。

① British Motor Corporation
② British Motor Cars
③ British Motor Company
④ British Motor Cambridge

>>解説

1950年ごろまでのイギリスには数多くの自動車メーカーが存在した。しかし、世界の自動車産業が急成長する状況とは裏腹に、イギリスの各メーカーは単独で生き残れるほどの体力がなく、合併・吸収の波に晒されることになった。そうした潮流のなかで、1952年、オースティン・モーターズとナッフィールド・オーガニゼーションが合体し生まれたのが、当時のイギリスで最大のメーカー、BMC（ブリティッシュ・モーター・コーポレーション）である。オースティン、オースティン・ヒーレー、モーリス、MG、ライレー、ウーズレー、ヴァンデン・プラ、ランチェスターとブランドはかなりの数にのぼった。66年には、ジャガー／デイムラーを吸収しBMH（ブリティッシュ・モーター・ホールディングス）となり、68年にはレイランド・グループとローヴァー・グループも傘下に収めてBLMC（ブリティッシュ・レイランド・モーター・コーポレーション）に発展、トライアンフ、アルヴィス等が加わった。しかし、経営不振に陥った75年には国有化され、BL（ブリッティッシュ・レイランド）となった。BLも解体され、現在は存在しない。

>>答え ①

>>ポイント

イギリスの自動車産業は、合従連衡を繰り返したが、時代の変化に対応できぬまま衰退、あるいは消滅してしまった。一部のブランドは今日でも残っているものの、ジャガーがインドのタタ、ミニがドイツのBMW、MGが中国の南京汽車といった具合に、ほとんどすべてが海外のメーカーに取り込まれている。

Question 071

シトロエンが 1954 年に 15-SIX で初めて採用し、以来好んで用いているサスペンションはどれか。

①エア・サスペンション
②リーフリジッドサスペンション
③ハイドロニューマチック
④マルチリンク・サスペンション

>>解説

1955 年に登場したシトロエン DS には画期的なシステムのハイドロニューマチック・サスペンションが装着されていたが、それに先だって、1954 年にはトラクシオン・アヴァン 15-SIX のリア・サスペンションに採用されている。後輪だけの簡易化されたシステムだが、ハイドロニューマチックが初めて世に出た時だ。

シトロエン・トラクシオン・アヴァン 15-SIX

>>答え ③

>>ポイント

シトロエンは、それまで異端だった前輪駆動（トラクシオン・アヴァン）を量産車に採用して、大きな成功を収めた。その成功が DS に繋がった。

Question 072

ユーノス・ロードスター、初代トヨタ・セルシオ、日産スカイライン（R32型）、初代スバル・レガシィなど日本を代表する名車が相次いでデビューした年は以下のうちどれか。

① 1987年
② 1988年
③ 1989年
④ 1990年

>>解説

空前の好景気に沸いたバブル期の日本からは、自動車史に残る優れたクルマが誕生している。その頂点といえるのが1989年だ。久しく英国のお家芸でありながら絶えていたに等しいライトウェイト・スポーツカーを復活させたマツダ（ユーノス）ロードスター、メルセデスに代表される高級サルーンの市場に参入して成功を収めたレクサスLS400（セルシオ）、ポルシェやフェラーリの舞台に乗りやすさを携えて乗り込んだNSX（1989年発表、90年発売）、ハイテク技術を満載したスカイラインGT-Rなど、日本車が世界を震撼させた。

>>答え　③

>>ポイント

日本車にとって1989年はヴィンティッジ・イヤーだったとする評論家もいるほどだ。バブル経済という追い風のなかで開花したクルマだ。日本車の技術史にとって1988～1990年は重要な時期だ。

Question 073

次のうち、予防安全（アクティブセーフティ）と関連の薄い技術はどれか。

①アンチロックブレーキ
②スタビリティコントロール
③レーンキーピング・アシスト
④アクティブヘッドレスト

>>解説

万一の事故の際にも乗員の安全を確保する受動的安全性をパッシブセーフティといい、これに対して、事故を未然に防ぐことをアクティブセーフティという。前者の代表的なものがシートベルトやヘッドレスト、エアバッグ、衝突安全ボディもこれに含まれる。ABSやスタビリティコントロール、レーンキーピング・アシストなどは、アクティブセーフティにあたる。

>>答え　④

>>ポイント

クルマが衝突事故に遭ったとき、乗員を守るための装置として最も早く導入されたのがシートベルトだろう。その後、事故を未然に防ぐ装置としてABSなどが出現する。

Question 074

2008年5月現在、日本市場に正規輸入されていない輸入車ブランドはどれか。

① ヒュンダイ
② サーブ
③ キャデラック
④ オペル

>>解説

この4つのモデルはどれも輸入されているように思えるが、2008年5月の時点でオペルは輸入されていない。1993年にヤナセがそれまでのVWに代えてオペルの輸入販売を開始し、量販に乗り出したが、輸入車販売で実績のあるヤナセの力を持ってしても販売台数は伸びず、2006年にオペルは日本市場から撤退した。VWと並ぶドイツの量販車だが、日本市場では成功しなかったのだ。ちなみに、戦後オペルが日本市場に輸入されるようになったのは1950年初頭のことだ。

>>答え ④

>>ポイント

日本の輸入車市場ではメルセデス・ベンツ、BMW、VW／アウディのドイツ勢が圧倒的に強く、高級車比率が高い。こうした特異な市場構成では、いかに輸入車といえどもブランド力が弱いと苦戦を強いられる。

Question 075

トヨタ自動車の小型車「カローラ」の車名の由来は次のうちのどれか。

①英語で「花の冠」の意
②スペイン語で「天空の」の意
③英語で「大鹿」の意
④英語で「謎解き」の意

>>解説

カローラ(COROLLA)とは英語で「花の冠」の意味。1966年10月にデビューしたトヨタの本格的大衆車だ。当時のトヨタのラインナップには、クラウンとコロナ、パブリカがあり、コロナとパブリカの中間に位置するのがカローラだった。クラウンは英語で「王冠」、コロナは英語で「太陽の冠」という意味だから「冠」が共通項。80年に搭乗したカムリ(当時の正式名はセリカ・カムリ)などは、「冠」の読みがそのまま車名になった。

>>答え ①

>>ポイント

日本車のモデル名の由来を調べてみると面白い。まだモデル数が現在のように多くなかったころ、トヨタは"C"から始まるモデル名をよく使っていた。

Question 076

次のうち、2008年5月現在で軽自動車を自社で製造していないメーカーはどれか。

①マツダ
②富士重工
③三菱自動車
④ホンダ

>>解説

マツダはかつて日本の軽自動車のパイオニア的存在だった。1960年のR360クーペは、2年前に出たスバル360より格段に安い価格設定もあって国民に自動車を身近なものと感じさせたし、62年のキャロルはデザインもメカニズムも注目すべきものだった。マツダ最後の100%自製の軽自動車は72年登場のシャンテである。89年オートザム・キャロル、92年のオートザム AZ-1 はボディこそ自製だが、エンジンはスズキ製だ。その後マツダから販売される軽自動車は、乗用車も商用車もすべてスズキから OEM 供給を受ける形となった。

>>答え ①

>>ポイント

ガソリン価格の高騰や不況を受けて、軽自動車の販売は好調だ。自社生産していないメーカーは OEM 供給を受けて、ラインナップに軽自動車を品揃えしている。日産も同様だ。

Question 077

147より小さな"スモール・アルファ"として、この7月に発表予定のアルファ・ロメオの正式名称はどれか。

① BALI
② COMO
③ MiTo
④ SUD

>>解説

アルファ・ロメオが発表したまったく新しいBセグメント・ハッチバックの名称はミト（MiTo）だ。イタリア語でmitoとは神話や伝説、伝記を意味している。またアルファはミラノとトリノの頭文字を並べて歴史的な深い繋がりを表現したともいう。全長4.06×全幅1.72×全高1.44mのサイズは、147より一回り小さい。なお、発表時にはMi.Toだったが、発売にあたってピリオドが取れ、MiToが正式な名称となった。

アルファ・ロメオ・ミト

>>答え ③

>>ポイント

ミラノのアルファ・ロメオが文字どおりトリノを本拠とするフィアットの傘下に組み込まれてしまったと嘆くアルファ・ロメオ・ファンもおられるかもしれない。

Question 078

90年代序盤の全日本ツーリングカー選手権を席巻した4WDスーパーマシンはどれか。

①ニッサン・スカイラインGT-R（R32）
②スバル・インプレッサSTI
③三菱ランサー・エヴォリューションⅤ
④トヨタ・セリカ

>>解説

1989年に登場した通称「R32」GT-Rは、優れた動力性能から市場での人気が高かったほか、国内ツーリングカーレースでも常勝の存在となった。ほかの3車はサーキットレースよりは、むしろラリーでの活躍で名を馳せている。

ニッサン・スカイラインGT-R（R32）

>>答え　①

>>ポイント

R32・GT-Rの完成度の高さは世界中の高性能車メーカーに大きな衝撃を与えたと言われている。なにかと話題になったクルマだった。

Question **079**

映画俳優ジェームス・ディーンは 1955 年に自動車事故で亡くなったが、その時に運転していたクルマはどれか。

①ポルシェ 356 スピードスター
②ポルシェ 356 カレラ 2
③ポルシェ 550 スパイダー
④ポルシェ 911

>>解説

ジェームズ・バイロン・ディーン（James Byron Dean, 1931 年 2 月 8 日生）は「理由なき反抗」「ウェストサイド物語」などに出演したアメリカの人気俳優。クルマが好きで自らレースにも出場していたが、1955 年 9 月 30 日、レースに出場するため、自らポルシェ 550 スパイダーでサーキットに向かう途中、パサディナ付近のフリーウェイで衝突事故を起こして亡くなった。

ポルシェ 550 スパイダー

>>答え　③

>>ポイント

前途有望の若い人気俳優がポルシェで事故死したことで、アメリカ市場に上陸したばかりのポルシェ本社は大きな衝撃を受けたという。真偽のほどは定かではないが、この事故をきっかけにポルシェは安全対策に熱心に取り組んでいったといわれる。

Question 080

自動車のレイアウトで、前方からエンジン、クラッチ、プロペラシャフト、デファレンシャルギアと並べるオーソドックスな配置を最初に発案したメーカーはどれか。

① パナール・エ・ルヴァッソール
② ルノー
③ プジョー
④ ダイムラー

>>解説

1891年にエミール・ルヴァッソールは自動車設計における合目的的なシステムを模索、その結果到達したのが"システム・パナール"だ。それ以前のクルマは、エンジンの上に座席を置く"縦の積み重ね"だったが、ルヴァッソールは前にエンジンを搭載、その後ろに座席を置いた。Vツイン・エンジンは、ほぼ前車軸の真上にクランクシャフトが前後を向くように搭載し、クラッチ、ギアボックスと一直線上に並べたのだ。

システム・パナールの初期の例

>>答え ①

>>ポイント

エンジンの上に人が座るという構造では着座位置が高い上に、エンジンの振動や、臭気がまともに座席に伝わってはなはだ具合が悪かったのだ。

Question 081

フェラーリ社のオフィシャル・カラーは何色か？

①黄
②赤
③黒
④紫

>>解説

この問題でいうオフィシャル・カラーとはコーポレート・カラーを指しているので黄色が正解だ。本拠地を置くマラネロがあるモデナ県のカラーが「黄色」であることに因んでいる。キャバリーノ・ランパンテが描かれたエンブレムの背景色が黄色であることはご存じだろう。

背景色の黄色が
コーポレート・
カラーだ

>>答え ①

>>ポイント

フェラーリといえば赤（ロッソ）をイメージしがちだが、赤はフェラーリというよりイタリアのレーシングカラーだ。アルファ・ロメオもランチアも、フェラーリもフィアットも、スポンサーカラーにペイントされるまでは"ロッソ"だった。

Question 082

日産自動車のテストドライバー加藤博義氏は、2003年に厚生労働省により表彰されたが、何という称号を授けられたか。

①運転の名人
②スポーツの鉄人
③現代の名工
④技能の達人

>>解説

厚生労働省は1967年度から「卓越した技能者表彰制度」を設けており、表彰者は通称で「現代の名工」と呼ばれている。その趣旨は、「卓越した技能者を表彰することにより、広く社会一般に技能尊重の気風を浸透させ、もって技能者の地位及び技能水準の向上を図るとともに、青少年がその適性に応じ、誇りと希望を持って技能労働者となり、その職業に精進する気運を高めることを目的としている」とある。

>>答え ③

>>ポイント

1967（昭和42）年度に第1回の表彰が行なわれて以来、2008（平成20）年度の第42回の表彰までで4838名が表彰されている。

Question 083

かつて「F1界の奇才」と呼ばれた設計者のゴードン・マーレイが
ブラバムの後に所属したF1チームは、次のうちどれか

①フェラーリ
②ウィリアムズ
③マクラーレン
④ロータス

>>解説

ブラバム時代のゴードン・マーレイは初期には傑作マシーンを作り上げたが、後期は特異なBMWの4気筒エンジンが設計の足を引っ張ったこともあって長く低迷していた。その結果チームを追われ、辿り着いたのがマクラーレンだった。マクラーレンではMP4/4の指揮を執り、やがてスポーツカーのマクラーレンF1を作り上げ、新たな伝説を作り上げるのである。

>>答え ③

>>ポイント

カリスマ設計者のようにいわれるゴードン・マーレイだが、後世に影響を与えるようなレーシングカーはさほど多くない。三角形モノコックのブラバムBT44は話題にはなったがチャンピオンカーにはなっていないし、"ファンカー"のBT46Bはレギュレーションの盲点をついたマシーンに過ぎなかった。

Question 084

2008年現在、F1エンジンの排気量は次のうちどれか。

① 3.5リットル
② 2.0リットル
③ 2.4リットル
④ 1.5リットル

>>解説

現在のF1は参加するチームにとって非常に金のかかるスポーツイベントになっている。高価な材料を多用するF1カーの製作費ももちろんだが、レースごとの維持費だけでも莫大な額が必要だった。そこでこのコストを少しでも抑えようとしたのが2006年以降のレギュレーションである。エンジンは排気量を2400ccまでとし、レイアウトはV8に一本化、最高回転数にも上限が設けられた。さらに08年にはECUを共通化して電子制御の争いに終止符を打ち、トラクション・コントロールの使用も禁止した。1台のエンジンで2レース戦わなくてはならないのはもちろん、ギアボックスも4レース同じものを使うことが義務づけられた。2009年はさらに厳しい制約のもとでレースが行なわれている。

>>答え ③

>>ポイント

F1のレギュレーションの変遷は、排気量など要点だけでもチェックすべきだ。特に2009年には、運動エネルギー回収システム(KERS)が採用されるなど大きく変わったから注目しておきたい。

Question 085

F1でこれまでコンストラクターズ・タイトルをもっとも多く獲得したのは、どのチームか。

① フェラーリ
② ウィリアムズ
③ マクラーレン
④ ロータス

>>解説

1950年から始まった現在のF1選手権において、コンストラクターズ・タイトルが制定されたのは1958年のことだ。以来、2007年シーズン終了までで、フェラーリの15回が最多である。2位は9回のウィリアムズ、3位は8回のマクラーレン、4位が7回のロータスだ。

>>答え　①

>>ポイント

F1におけるコンストラクターとはマシーン製造者を指す。現在ではチームがコンストラクターであることが定められている。F1についての記録は重要なものだけでもチェックしておきたい。15回獲得したフェラーリは1999〜2004年は6年連続。1958年の初回コンストラクターズ・タイトルを獲得したのは英国のヴァンウォールだ。

Question 086

1992年、当時韓国の起亜（キア）で生産され、日本のオートラマが販売した左ハンドルの4ドアセダンの名前はどれか。

①フォード・フェスティバβ
②フォード・モンデオ
③フォード・テルスター
④フォード・イクシオン

>>解説

フェスティバは、1986年にマツダのフォード専売店、オートラマで販売された小型大衆車。当初はマツダが生産を担当したが、やがてその生産は韓国の起亜自動車が受け持つようになり、日本に輸入されるようになった。フェスティバがフォードの世界戦略車に位置づけられたかというと、当時すでにフィエスタがその役割を担っていたため、強いて言えばアジア地区での基盤づくりの先兵的存在と見たほうがよさそうだ。

フォード・フェスティバβ

>>答え　①

>>ポイント

フェスティバは数奇なモデル生命を送ることになる。フォードの戦略も垣間見える国際モデルなので変遷を追うのも面白い。

Question 087

スズキ SX4 のイタリアにおける兄弟車の名はどれか。

① フィアット・セディチ
② フィアット・グランデプント
③ フィアット・チンクエチェント
④ ランチア・ムーザ

>>解説

スズキ SX4 はスズキとフィアットが共同開発した 1.5～2ℓ クラスの 5 ドアハッチバック及び 4 ドアセダン。フィアットではセディチの名で販売されている。

フィアット・セディチ 　　　　スズキ SX4

>>答え　①

>>ポイント

スズキの海外戦略は興味深い。ハンガリーのマジャールスズキ社で生産し、ヨーロッパで販売している 1.2ℓ コンパクトカーのスプラッシュを、日本市場にも輸入販売している。インドにもいち早く進出し、同国での地位を確立している。

Question 088

火山、温泉のほか、石炭や石油を燃やすとそれらに含まれている硫黄分が酸素と結合して発生する物質で、酸性雨などの原因になるといわれるものはどれか。

① HC
② CO_2
③ HOx
④ SOx

>>解説
硫黄（S）が酸素（O）と結合すると硫黄酸化物が発生する。一酸化硫黄や二酸化硫黄などがそれだが、それらを総称するのが SOx だ。

>>答え　④

>>ポイント
クルマから排出される有害物質についてはチェックしておきたい。

Question 089

乗用車サンルーフの前側やトラックのキャビンルーフ上に取り付ける、エア・ディフレクターの効果についての記述で間違っているのはどれか。

① サンルーフを閉めたときに雨漏りを防ぐ
② サンルーフを空けた時に風の巻き込みや騒音を低減する
③ トラックでは空気抵抗を小さくする
④ トラックでは燃費向上や騒音が低減する

>>解説

エア・ディフレクターは空気の整流効果を高めるためのもの。空気抵抗を低減し、燃費の向上や騒音低下を図ることができるが、雨漏りまでは防げない。

ルーフの上に備わるのがエア・ディフレクター

>>答え　①

>>ポイント

高速道路を走る大型トラックは、省燃費の観点からルーフの上に大きなエア・ディフレクターを装着している。

Question 090

エンジンの形式である OHV についての記述で、間違っているものはどれか。

① 吸排気弁（バルブ）がシリンダーヘッドに備わる
② 一般的にカムシャフトがシリンダーヘッドより低い位置にある
③ 一般的にカムシャフトがシリンダーヘッドより高い位置にある
④ プッシュロッドとロッカーアームでバルブを作動させる

>>解説

OHV はオーバーヘッドバルブ（Overhead Valve）の意味。OHV にも様々な形態があるが、一般にはカムシャフトをシリンダーヘッドより低い位置に配置し、プッシュロッドとロッカーアームによって吸排気バルブを作動させる。これに対して、OHC（オーバーヘッド・カムシャフト：Overhead Camshaft）では、カムシャフトがシリンダーヘッド内に配置される。OHV にくらべ OHC ではプッシュロッドを持たないために稼動部分が軽く、高回転でもバルブの追従性が良好で開閉が安定する。

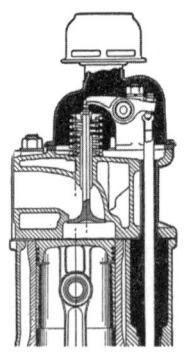

OHV エンジンのシリンダーヘッド

>>答え　③

>>ポイント

現代の乗用車のカタログを見ても OHV を見かけることは希になったが、自動車を知るうえでは欠かせない機構である。

Question 091

イタリアのスーパースポーツカー・メーカーのランボルギーニは、現在どこの会社の傘下に入っているか。

① BMW
②フィアット
③フォルクスワーゲン・グループ
④ロータス

>>解説

1962年に農業トラクターの製造で成功を収めた企業家のフェルッチオ・ランボルギーニが設立したスーパースポーツカー・メーカーのランボルギーニは、1971年頃から経営難に陥り、その後、株主が転々とするが、1999年にフェルディナンド・ピエヒが率いるフォルクスワーゲン・グループに組み入れられ、アウディの傘下に入った。

>>答え　③

>>ポイント

1999年前後、自動車業界ではさかんに企業買収が行なわれた。筆頭格であったのはVWグループで、ランボルギーニを買収した前年の98年にはBMWとの激しい争奪戦を演じてベントレーを手中に収めたほか、ブガッティのブランドも買い取っている。1998年といえば、ダイムラー・ベンツとクライスラーが合併しダイムラー・クライスラーAGが組織されたことで記憶される激動の年だ。

Question 092

アルファ・ロメオのエンブレムから MILANO の文字が消えたのは何年か。

① 1952 年
② 1964 年
③ 1971 年
④ 1983 年

>>解説

これまでアルファ・ロメオのエンブレムは何回となくデザインの変化を繰り返してきた。その変化する様は会社の状況をよく表わしていると言われている。ニコラ・ロメオが社主になったとき、A.L.F.A が ALFA ROMEO に変わった。これ以降も節目には意匠を変えてきた。1971 年に MILANO の文字がエンブレムからなくなったのは、それまでで最大の変化といえるだろう。アルファの拠点がミラノだけでなくなり、アルファ初の小型前輪駆動大衆車であるアルファスッド製造のためにナポリ工場が稼働し始めるという、同社にとって体制が大きく変化したのが 1971 年である。その後フィアットの傘下に入ったときを契機にエンブレムはさらにシンプルとなり、現在に至っている。

>>答え ③

>>ポイント

スッド工場の稼働は、当時、国営企業であったアルファ・ロメオが、政府の方針に沿って南イタリアの経済活動を活発化させることが目的であった。

Question 093

1955年にデビューしたクルマの組み合わせで、正しいのはどれか。

① トヨペット・クラウン＋ポルシェ 356
② ニッサン・スカイライン＋ポルシェ 356
③ トヨペット・クラウン＋シトロエン DS
④ スバル 360 ＋シトロエン DS

>>解説

1955年は奇しくも日仏のアイコン的サルーンがデビューした年である。シトロエンは極めて独創的なハイドロニューマチック・サスペンションを備えた DS を発表。日本のトヨタ自動車は、純日本設計の自動車の先駆けとなるクラウンを発表している。クラウンは周知の通りその後 50 年以上も日本車の雄であり、トヨタは世界第一位の座を手にするに至った。

トヨペット・クラウン

>>答え ③

>>ポイント

クラウンが登場した 1955（昭和 30）年当時と、それ以前の日本の社会および自動界の状況を調べてみてほしい。もちろん 1955 年以降の世界と日本の自動車産業の推移についても同様だ。

Question 094

ランボルギーニ・カウンタックのデザイナーは誰か。

① マルチェロ・ガンディーニ
② ジョルジェット・ジウジアーロ
③ セルジオ・ピニンファリーナ
④ エリオ・ザガート

>>解説

カウンタックは70年代初頭のスーパーカー・ブームの主役にして、その後もスーパーカーの代名詞的存在であり続けている。イタリアの名門ベルトーネ出身のデザイナー、マルチェロ・ガンディーニは、ランチア・ストラトスやフィアットX1/9、シトロエンBXをはじめ多くの名作を手がけているが、カウンタックは彼の若き日の作品である。とかく派手なイメージのあるカウンタックだが、初期モデルのLP400はシンプルで古典的な美しささえ感じさせ、別格に扱うファンも多い。

ランボルギーニ LP400 カウンタック

>>答え ①

>>ポイント

かつて世界中の自動車デザインに大きな影響を与えたのが、イタリアのカロッツェリアだった。ベルトーネにあって、アルファ・ジュリアGTなどの名作を生んだジウジアーロの後任として腕を振るったのがガンディーニだ。

Question 095

社名がファーストネーム+ファミリーネームの組み合わせになっているのはどれか。

①アルファ・ロメオ
②メルセデス・ベンツ
③アストン・マーティン
④ロールス・ロイス

>>解説

メルセデスとはスペイン風の女性名で、創業したばかりのダイムラーの重要な顧客であったエミール・イェリネックの娘の名前だった。これをエミールが自らのダイムラー製レーシングカーに名付けたのが、"メルセデスの始まり"だ。アルファ・ロメオは（Anonima Lombarda Fabbrica Automobili：ロンバルディアの自動車製造会社）のA.L.F.Aと、後に同社を買収したニコラ・ロメオを足し合わせたもの。アストン・マーティンはヒルクライム・レースが行なわれていた英アストン・クリントン村と創業者のひとりであるライオネル・マーティンから、ロールス・ロイスは、チャールズ・ロールスと技術者のヘンリー・ロイスのふたりのファミリーネームから取ったもの。

>>答え ②

>>ポイント

自動車の名前の由来はなかなか面白い。その多くが創業者の人名に由来しているが、メルセデス・ベンツやアルファ・ロメオのように異なる由来もある。

Question 096

DSG とは何の略か。

① ダイレクト・シフト・ギアボックス
② ダブル・シフト・ギアボックス
③ ダイレクト・スピード・ギアボックス
④ デュアル・シフト・ギアボックス

>>解説

DSG(Direct-Shift Gearbox)は、アメリカのボーグウォーナーが開発したデュアルクラッチ・トランスミッション。VW グループがライセンス供与を受けてゴルフに使用したことから普及した。マニュアル・トランスミッションでは、変速時にクラッチを切るために、駆動輪にトルクが伝わらない空白の時間が生まれることが避けられない。この空白を限りなくゼロにしようという試みが DSG である。奇数段のギアと偶数段を受け持つ 2 本の出力軸を同軸に配し、それぞれの出力軸に 1 組ずつのクラッチを配置し、それらを交互に断続していくことで、切れ間のないギアチェンジを行なう。したがって、MT でありながら継ぎ目のない滑らかな加速とレスポンスが得られ、かつ AT と同様の簡便さを備え、さらに省燃費に貢献できるとあって、新世代の理想的なギアボックスのひとつとして注目されている。

>>答え ①

>>ポイント

量産車では VW グループ(当時)が先駆けとなり、主にトルク許容量の問題から小型車に搭載した。現在は高トルクにも適応できるようになり、ポルシェ 911 やニッサン GT-R などの高性能車にも装着されるようになった。このシステムはポルシェがモータースポーツの世界で導入した(PDK= ポルシェ・ドッペルクップルング)が最初だ。

Question 097

この道路標識が指示する内容は何か。

① 停車禁止
② 進入禁止
③ 駐停車禁止
④ 駐車禁止

>>解説

この標識は運転者でなくとも目にすることは多いだろう。答は④の駐車禁止だ。中に入る斜めの線がX印になると、③の駐停車禁止になる。①の停車禁止という標識は存在しない。

>>答え　④

>>ポイント

日頃見慣れているはずの交通標識だが、こうやって問題に出されると、一瞬、答に詰まることもあるだろう。

Question 098

トヨタのクルマの中で、2008年6月現在ハイブリッドの設定のないものはどのモデルか。

①クラウン
②ハリアー
③エスティマ
④ヴィッツ

>>解説

トヨタはハイブリッド車のラインナップを拡大しているが、現在のところヴィッツにはハイブリッド仕様はなく、主にエンジン自体の燃焼効率を高めることで省燃費性を追求している。

>>答え ④

>>ポイント

こうした環境対策車の動向には留意しておきたい。2009年に新型ホンダ・インサイトが登場したことでこうした動きは一段と活発化。今後も低価格の小型ハイブリッド車の登場が期待される。

Question 099

次のうち、「モンツァ・サーキット」のコースレイアウト図はどれか。

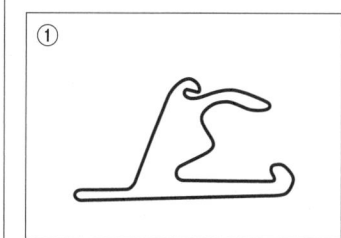

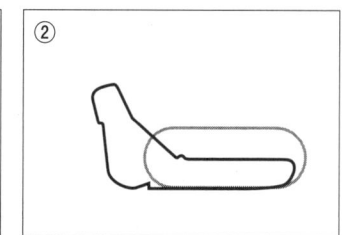

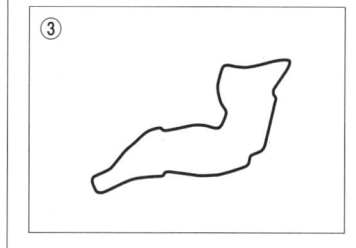

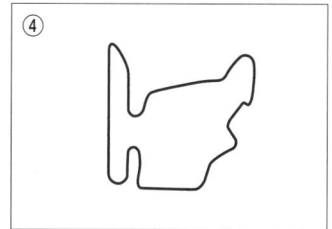

① ② ③ ④

>>解説

モンツァがかつてバンク付きのオーバルコースを使用していたことを知っていれば答えは簡単。高速サーキットという性格からも単純なレイアウトが想像できるはず。③もかなりの高速コースだが、こちらはイモラ。①は「上」の字を象った上海サーキット、④はハンガロリングである。

>>答え　②

>>ポイント

モンツァは1922年に誕生した歴史のあるサーキットで、バンクを持つオーバルコースを併設した高速サーキットだった。

Question 100

ブレーキオイルを交換したあとで必ず行なうべき作業は、次のうちどれか。

①駐車ブレーキワイアの調整
②パッドやライニングの面取り
③パッドやライニングの交換
④エア抜き

>>解説

ブレーキオイルを交換するとシリンダーや配管の内部に空気が入り、ブレーキが正常に利かなくなる。気泡を取り除く作業をエア抜きという。

>>答え　④

>>ポイント

現代では自分でエア抜きをすることなどないし、工場で作業している姿を見る機会も少なくなったが、これはクルマ技術の常識問題だろう。

CAR検 1級 概要

出題レベル
クルマが好き、運転が大好き、
クルマを見ると即座にそのメーカーの歴史が頭に浮かぶ上級者

受験資格
クルマを愛する方ならどなたでも。
年齢、経験などに制限はありません。

出題形式
マークシート4者択一方式100問。
100点満点中70点以上獲得した方を合格とします。

Question 001

マツダ RX-8 ハイドロジェン RE についての記述で、間違っているのはどれか。

① 水素ロータリーエンジンを搭載
② 2006 年 2 月に実用化
③ 水素またはガソリンで走行可
④ 水素ステーションがある地域のマツダ販売店からだれでも購入できる

>>解説

マツダは、同社の固有技術であるロータリーエンジンの特性を活かし、水素を燃料とするロータリーエンジンの開発に取り組んでいる。優れた環境性能と、内燃機関車らしい走りと扱いやすさを実現したという。現時点では水素は入手が難しいので、どこでも手に入るガソリンも使用できる。当面は特定の企業向けにリース販売となる予定。

マツダ RX-8 ハイドロジェン RE 車

>>答え ④

>>ポイント

マツダによれば、水素を燃料に使うためのエンジンや車両の変更はわずかですむため、低コストで水素エネルギー車の実現が可能になったという。

Question 002

ディーゼル・エンジンの排ガス後処理装置である尿素SCR触媒システムによって低減できるのはどの物質か。

①窒素酸化物（NOx）
②炭化水素（HC）
③二酸化炭素（CO_2）
④粒子状物質（PM）

>>解説

尿素触媒（Urea Catalyst）とは、尿素を加水分解して得られるアンモニアによってNOxだけを還元する。酸素が過剰な排ガス中であっても選択的にNOxを窒素と水に変換することで浄化できる。工業プラントが使う排ガス浄化システムとして技術的にも確立されていたが、大型車のNOx対策の本命として注目され、すでに実用化が始まっている。窒素酸化物処理の有効な手だてだが、尿素を供給するインフラ整備や耐久性など課題も残っている。

>>答え ①

>>ポイント

尿素触媒搭載車では、尿素水を貯めるタンクや専用の装置を追加する必要があり、スペースに余裕のあるトラックやバスなどの大型車での採用が主流だった。今後はディーゼル乗用車に搭載するため、装置の小型化とエンジン自体の改良によるNOxの低減が求められている。

Question 003

ガソリン1ℓにかかるガソリン税のうち、暫定税率によるかさ上げ分はいくらか。

① 10.1 円
② 15.1 円
③ 20.1 円
④ 25.1 円

>>解説

2008年3月末で期限切れとなり、わずか1カ月で復活したガソリン暫定税率についての設問。ガソリンの暫定税率とは、ガソリン価格に含まれる揮発油税に暫定的に掛けられている税金のこと。ガソリン税（揮発油税＋地方道路税）は1ℓあたり28.7円と定められているが、租税特別措置法によって"当面の間"53.8円となっている。すなわち、25.1円がかさ上げ分だ。本来は、国内の道路整備のために1974年に作られた暫定の税率だが、暫定とはいうものの、現在に至るまでずっと上乗せされている。2009年4月に、この道路整備に充てられるためにと徴収された税金の一般財源化が決定された。

>>答え ④

>>ポイント

ガソリン価格は、ガソリン本体の価格とガソリン税（石油石炭税・揮発油税・地方道路税）と消費税で構成されている。

Question 004

インドのタタ自動車が発表した、世界最廉価車「ナノ」。その価格は日本円に換算するといくらか。

① 約 17 万円
② 約 27 万円
③ 約 37 万円
④ 約 47 万円

>>解説

ナノ（Nano）は 1 ラック（10 万ルピー）カーと呼ばれ、日本円に換算すると約 27 万円である。問題作成時の為替レートで 27 万円としたが、その後の為替の変動から、日本円に換算した価格はさらに安くなり、20 万円ほどになった。当初の計画では、2008 年後半の発売予定だったが、インド西ベンガル州に予定していた生産工場が地元住民の反対によって白紙撤回され、グジャラート州に変更するなどで発売予定が大きくずれ込んだ。2009 年 4 月第 1 週からディーラーでの展示が開始され、第 2 週から予約を受け付けた。現時点でナノの正式な仕様や価格は公表されていないが、最も安いモデルは約 11 万ルピー（約 22 万円）といわれる。

>>答え ②

>>ポイント

全長 3100 ×全幅 1500 ×全高 1600mm で、33ps を発生するアルミニウム製 2 気筒の 623cc のエンジンをリアに搭載。日本の軽自動車と似たようなスペックだが、11 万ルピーになったとはいえ、世界で最も安価なクルマには違いない。

Question 005

2007年3月にフォードからアストン・マーティンを買収したのはどれか。

① アメリカの個人投資家
② プロドライブ社のデビッド・リチャーズと投資家のグループ
③ ロータス
④ BMW

>>解説

売りに出されたアストン・マーティンの引き受け先がどこになるのか、注目されるなか、イギリスのエンジニアリング会社、プロドライブ社の会長であるデビッド・リチャーズが、他の投資家、投資会社と合資集団を組んで買収した。プロドライブ社はスバルのWRC活動を担当したことで日本でもよく知られている企業だ。

>>答え ②

>>ポイント

アストン・マーティンを買収したフォードは、大きな投資とエンジニアリング改革を断行し、伝統に安住して混沌としていたアストン・マーティンを若々しく活発なイメージを持つ高級スポーツカー・メーカーに再生させた。

Question 006

次のうち、トヨタの可変バルブタイミング機構はどれか。

① VTEC
② MIVEC
③ VALVETRONIC
④ VVTi

>>解説

可変バルブタイミング機構は、4ストローク・レシプロエンジンにおいて、吸・排気バルブの開閉タイミングや作動するリフト量を可変させる機構。効率のよい開閉タイミングやリフト量はエンジンの回転数によって異なるため、回転数に応じて常に変化させることが理想だが、これは技術的に不可能であった。その理想を実現するために可変バルブタイミング機構が開発され、回転数によって最適なバルブタイミングを得ることが可能になった。VTECはホンダ、MIVECは三菱の可変バルブタイミング機構、VALVETRONICはBMWの可変バルブリフト機構の名称。

>>答え ④

>>ポイント

バルブタイミングを可変にする機構といっても、メーカーによって差異がある。概略だけでも掴んでおきたい。

Question **007**

大気汚染対策のために「サファ・テンプー」と呼ばれる電気乗り合いバスを走らせているアジアの都市はどこか。

① ホーチミン
② バンコク
③ マニラ
④ カトマンズ

>>解説
ネパールの首都カトマンズは標高が1000mを超える盆地に位置している。使われているクルマには排ガス対策が施されておらず、大気汚染が深刻な問題となっていたが、2000年頃から乗り合いバスを電気自動車化する試みが進められた。

>>答え ④

>>ポイント
日本でも、観光シーズンの上高地など、乗用車の乗り入れを禁止して電気バスを導入することで自然環境の保護を行なっている景勝地もある。こうした設問は今後も増えていくはずだ。

Question 008

近頃人気がある、持ち運びが可能な簡易型カーナビゲーションシステムは何と呼ばれるか。

① DSG
② DPF
③ PDK
④ PND

>>解説
PNDはパーソナル・ナビゲーション・デバイスの略。もともとはヨーロッパなど海外で爆発的人気を得て、日本でも話題になっている商品。特徴は通常のカーナビに比べて安価で、電源をシガーライターから取るだけで車速信号の接続など面倒な配線作業が不要なために簡単に装着できるというのが人気の要因だ。内蔵バッテリーで数時間動く機種もある。

>>答え　④

>>ポイント
従来のナビと根本的に異なるのが、地図や検索データなどの収納にCDやHDDなどの大柄な媒体を用いず、大容量のフラッシュメモリーを用いることだ。そのため、「メモリーナビ」と呼ばれることもある。

Question 009

ステアリング機構と関係ないものはどれか。

① ウォーム&ローラー
② ラック&ピニオン
③ リサーキュレーティング・ボール
④ プラネタリー・ギア

>>解説

プラネタリー・ギアとは遊星歯車のことで、トランスミッションやデフのパーツとして用いられることが多い。一般的に、近代のロードカーでステアリング機構にプラネタリー・ギアを用いる例はなかった。BMWには採用例があるが、現在ではまだ一般的ではない。設問にあるこれ以外の3つのシステムは、ステアリング機構としては一般的なものだ。

>>答え ④

>>ポイント

プラネタリー・ギアの代表的な使用例はオートマチック・トランスミッションだろう。

Question 010

ベルトーネが経営危機に陥ったことから、ショーカーの B.A.T.11 は、2008年のジュネーヴ・ショーでの公開が見送られ、会場外で公開された。同社は 1950 年代に B.A.T. シリーズを造ったことがあるが、実在しないのはどれか。

① B.A.T.3
② B.A.T.5
③ B.A.T.7
④ B.A.T.9

>>解説

B.A.T. とは Berlina Aerodinamica Technica の略で、1950 年代にベルトーネが展開した一連のデザイン習作。流線型を積極的に取り入れつつ、美しさとの両立を目指した。B.A.T.5、7、9 の 3 モデルが造られたが、設問にある B.A.T.3 は存在しない。これらは、当時ベルトーネのチーフデザイナーの座にあったフランコ・スカリオーネが手掛けた。純粋な実験モデルで生産化はなかったが、このデザインから、アルファ・ロメオ・ジュリエッタ・スプリントや同スペチアーレが誕生したといわれている。2008 年に登場した B.A.T.11 は、往年の B.A.T. シリーズのスピリットを現代に再現したショーカーで、なかなか魅力的なデザインであったが、ベルトーネ社の破綻により、正式なショーデビューは見送られた。

>>答え　①

>>ポイント

自動車の歴史の中には数多くの実験的なクルマが誕生しているが、未来的なデザインが話題となった B.A.T. シリーズの存在は記憶しておきたい。

Question 011

ある人物が「今欲しいものは?」と問われたとき、「ロールス・ロイス・シルヴァー・ゴースト、それに一生走るだけのタイヤをつけて……」と答えたという。この人物は誰か。

①ハワード・カーター(ツタンカーメンの墓を発見した考古学者)
②トーマス・エジソン(発明家)
③トーマス・エドワード・ローレンス(映画『アラビアのロレンス』の主人公にもなった歴史的人物)
④アルベルト・アインシュタイン(物理学者)

>>解説

アラビアのロレンスとして知られているイギリスの軍人・考古学者のトーマス・エドワード・ローレンスは、ロールス・ロイス・シルヴァー・ゴーストに魅了された一人だった。第一次大戦のアフリカ戦線において、イギリス軍はR-Rシルヴァー・ゴーストを改造した装甲車を使った。過酷な使用条件に耐えたシルヴァー・ゴーストの信頼性に感銘を受けたローレンスが、この言葉を残した。ロールス・ロイスの強靭な耐久性と信頼性を語る逸話のひとつだ。

>>答え ③

>>ポイント

著名人とクルマの関係には、様々な逸話やエピソードが残されている。また、ロールス・ロイスの信頼性についてはいろいろな逸話がある。

Question 012

1924年頃、史上初めてアルミホイールを採用したメーカーはどこか。このホイールにはブレーキドラムが一体化されていて、ホイールを交換するとドラムも交換された。

①ダイムラー
②ブガッティ
③アルファ・ロメオ
④シトロエン

>>解説

ワイアスポークが一般的であった時代、ブガッティのタイプ35が史上初めてアルミホイールを採用した。放射状に延びたスポークを持つホイールにはブレーキドラムが一体化されていた。ブレーキを酷使するレーシングカーにとって不可欠な放熱性を考慮した結果だが、設計者でありながら芸術的なセンスをもってクルマの設計にあたっていたエットーレ・ブガッティは、ホイールのデザインにも一石を投じた。エットーレはその後もアルミホイールの採用に熱心で、超弩級巨大車のT41ロワイヤルやツーリングカーのT44などにも積極的に装着した。

ブガッティ T35

>>答え ②

>>ポイント

この時代のアルミホイールは軽量化が目的ではなかったから、重量的にはワイアスポークより重かった。

Question **013**

1928年、アメリカのあるメーカーがシンクロメッシュ・ギアボックスと、すべてのウィンドーに安全ガラスを採用した。それはどのメーカーか。

①インペリアル
②ビュイック
③キャデラック
④リンカーン

>>解説
キャデラックは当時すでに高級車ブランドとして確立されていた。1912年にセルフスターターを初めて採用したことでもわかるように、安全性にも多大な配慮がなされていた。

>>答え ③

>>ポイント
シンクロメッシュ・ギアボックスが誕生する以前は、デリケートなスロットルとクラッチの操作が求められ、熟練していないドライバーにとって、ギアチェンジは苦痛であった。

Question 014

1938年に、実用可能なラジアルタイヤの開発に初めて成功したのは、どのタイヤメーカーか。

①ピレリ
②ミシュラン
③コンティネンタル
④ダンロップ

>>解説

ミシュランがラジアルタイヤを発明した。ミシュランは、第二次大戦前の1938年にはラジアルプライ構造のタイヤを考案していたともいわれるが、戦後間もない1946年にラジアルタイヤに関する特許を取得している。バイアスプライタイヤと比べて、転がり抵抗の低減、燃料消費の抑制、寿命の向上がはかられた。初期のラジアルタイヤはRADIAL Xと呼ばれ、1949年のパリ・サロンには、これを装着したシトロエン・トラクシオン・アヴァンが展示されている。

>>答え ②

>>ポイント

1951年のルマン24時間耐久レースでは、ミシュラン製のラジアルタイヤを装着したランチアB20が、総合12位（GT1500～2000ccクラス1位）に入っている。ミシュランはF1GPにも初めてラジアルタイヤを供給したタイヤメーカーだ。

Question 015

現在に続くヨーロッパ・カー・オブ・ザ・イヤーは、1964年に第1回の受賞車（1963年に発表されたクルマ）が決まった。その受賞車はどれか。

①メルセデス・ベンツ 600
②ローバー 2000
③オースティン 1800
④ルノー 16

>>解説

カー・オブ・ザ・イヤーはいまや世界各国、各地域で開かれている自動車選考会だが、最も歴史があるのがヨーロッパ・カー・オブ・ザ・イヤーだ。毎年の受賞車を覚える必要はまったくないが、エポックメイキングなクルマが受賞しているか否かだけでも、記憶しておきたい。

ローバー 2000

>>答え　②

>>ポイント

メルセデス 600 は 1963 年の 2 位。オースティン 1800 は 1964 年の 1 位、ルノー 16 は 1965 の 1 位だ。

Question 016

1960年11月のトリノ・ショーでデビューした、プリンス・スカイライン・スポーツをデザインしたデザイナーは誰か。

① ピニンファリーナ
② スカリオーネ
③ ミケロッティ
④ ヴィニャーレ

>>**解説**

プリンス・スカイライン・スポーツ（BLRA-3型）は、富士精密工業時代のプリンスが、イタリアのジョヴァンニ・ミケロッティにデザインを依頼して完成させた2＋2クーペ、およびコンバーティブル・モデルだ。1960年11月の第42回トリノ・ショーでデビューを果たした。ベースとなったのはスカイライン1900デラックス（BLSID-3型）だ。日本での生産にあたっては、イタリアから板金職人を招聘して内製化の指導を受け、1962年4月に発売した。クーペが185万円、コンバーティブルが195万円と、ベース車の2倍もしたことから、販売は苦戦し、翌年に合計60台で生産を中止した。

プリンス・スカイライン・スポーツ・クーペ

>>**答え** ③

>>**ポイント**

当時の日本車のデザインは欧米に比べて大きく遅れていたことから、イタリアのカロッツェリアに多くの教えを請うた。カロッツェリアとの繋がりには、デザインを学ぶという目的のほか、ブランドイメージの向上や販売促進効果も期待された。

Question 017

1975年3月に登場したこのクルマはなにか。

①ヴォクスホール・フィレンザ
②マツダ・ロードペーサー
③フォード・ファルコン
④ダッジ・ランサー

>>解説

トヨタや日産と同じようにフルラインナップを敷くべく、東洋工業（現：マツダ）が採った策が、海外製ボディに自社製エンジンを積む方法だ。こうすれば開発コストは大幅に減らせる。白羽の矢を立てたのがオーストラリア車だった。日本と同じ右ハンドルでアメリカ車よりひとまわり小さいサイズも日本の国情に合っていたのだ。細部を日本の法規に合わせたホールデン・プレミアのボディに13Bロータリーエンジンを載せ、ロードペーサーの名で1979年まで販売した。1975年当時、東洋工業はまだ海外メーカーと提携を結んでいなかった。そのため、自由にGM系のホールデン車を選ぶことができた。だが販売には苦戦し、800台で生産を終えた。

>>答え ②

>>ポイント

マツダがフォードの傘下にあったことを知る人にとっては、GMからボディの供給を受けたことを不思議に思うかも知れないが、同社がフォードと資本提携を締結したのは1979年11月のことだ。

Question 018

1976（昭和51）年1月1日付けで、軽自動車の規格枠が変わり、排気量とサイズが拡大された。排気量は360cc以下から何cc以下に拡大されたか。

① 500cc以下
② 550cc以下
③ 600cc以下
④ 660cc以下

>>解説

軽自動車は、日本の自動車の分類の中で最小の規格を持つ自動車。四輪車が軽四輪、排気量125cc以上250cc以下の二輪車を軽二輪という。軽自動車の規定は1949年に制定されたが、当初は4ストローク車と2ストローク車とでは排気量の規制が異なり、前者が300cc以下、後者は200cc以下だった。1951年には、それぞれ360cc以下と240cc以下となり、55年4月にはともに360cc以下となった。360cc規定になって以降、各社から続々と軽自動車が誕生し、普及が始まった。1976年には550cc以下に、90年の改訂からは660cc以下となり、現在に至っている。

>>答え ②

>>ポイント

軽自動車の規格には排気量のほかボディサイズについても定めがある。現在の規定では、全長3400×全幅1480×全高2000mm以下となっている。規定の変化は、排ガス対策や装備品の充実、安全対策などの要求によるものだ。

1級

Question 019

1978年にトヨタが初めて生産化した前輪駆動乗用車はなにか。

①ターセル／コルサ
②スターレット
③スプリンター
④ビスタ

>>解説

ライバルの日産は1970年にFWD車(横置きエンジン)のチェリーを投入し、78年の時点で多くの実績を残していた。FWDでは後発となったトヨタは、エンジンを縦置きに配して前輪を駆動するレイアウトを採用し、初代ターセル／コルサ(姉妹車)を世に出した。小型車の主流は横置きエンジンのFWDになりつつあったが、そのような状況下であえて縦置きFWDを採用した理由は、横置きエンジン方式にはコストや信頼性など不確定要素が多かったからといわれている。

トヨタ・ターセル4ドア

>>答え ①

>>ポイント

その後、研究開発が進み、トヨタも横置きエンジンによるFWDを進めていった。

Question 020

1979年のジュネーヴ・ショーで、イタルデザイン（ジウジアーロ）による1台のコンセプトカーがデビューし、これが原型となっていすゞ・ピアッツァが誕生した。ジュネーヴ・ショーに出品された時の名称はどれか。

①インパルス
②カイマーノ
③ブーメラン
④アッソ・ディ・フィオーリ

>>解説

1970年代後半、ジウジアーロが率いるイタルデザインは、"アッソ"シリーズとして、量産小型セダンをベースにスタイリッシュなボディを被せた4座パーソナルカーをいくつか発表していた。この中で、いすゞ・ジェミニをベースとしたアッソ・ディ・フィオーリ（伊語でクラブのエースの意）だけが量産までこぎ着け、いすゞ・ピアッツァの名で発売された。①のインパルスは北米向けピアッツァの名称だ。他の2車もデザインはジウジアーロだ。

>>答え ④

>>ポイント

ベルトーネ、ギアの時代を経てジョルジェット・ジウジアーロは1968年にイタルデザインを設立。大衆車からエクスペリメンタル・スポーツカーまで多くの傑作車を生み出した。日本のメーカーとの関係も深く、デザイナー名を公表しなかったものまで含めて、彼の息のかかった車は少なくない。

Question 021

写真のクルマは第二次大戦で使われた水陸両用の軍用車だが、このクルマを生産したのはどの自動車メーカーか。

①バンタム
②メルセデス・ベンツ
③ウィリス・オーバーランド
④フォルクスワーゲン

>>解説

これはポルシェが KdF (VW ビートル) の派生型として開発した水陸両用のシュビムワーゲンで、フォルクスワーゲンが生産を担当した。ヒトラーの国民車構想によって誕生した KdF だったが、第二次大戦の開戦によって、国民のための乗用車は造られず、そのコンポーネンツを使った軍用車が生産された。その中でもっともよく知られているのはキューベルワーゲンと呼ばれるモデルだが、このような水陸両用車も造られた。

>>答え ④

>>ポイント

終戦直後の混乱の中から本格的な生産が始まった VW ビートルは、ドイツの戦後復興の象徴といわれ、小型車の普及に大きな影響を与えた。特にその影響が大きかったのはアメリカ市場だった。VW についての話題は多い。

Question 022

昭和30（1955）年5月に明らかになった通産省の"国民車構想"の内容で、間違っているのはどれか。

① 乗車定員4人または2人で100kg以上の荷物が載せられること
② 最高時速100km/h以上
③ 60km/h（平坦な道路）で、1ℓの燃料で30kmの走行が可能なこと
④ 価格は月産2000台で40万円以下

>>解説

"国民車構想"では、月産3000台、価格は25万円以下と想定されていた。当時の日本の経済状況を考えれば、国民車構想の実現にはまだ遠い道のりであった。しかし、国民車構想が発表されたことで、庶民が「マイカーを持つ夢」を見るようになったといわれている。

>>答え　④

>>ポイント

この構想に沿って初めて誕生したのが富士重工のスバル360だ。国民車構想をそのまま実現することは難しかったが、富士重工はその理想を追い求めて、見事に具体化してみせた。その価格は、大学卒業者の初任給が1万円ほどであった時代に42万5000円であった。

Question 023

1964年4月にフォードが発表した"マスタング"は、アメリカ車だけには留まらず、全世界のクルマ造りに影響を与える新しい手法を提唱した。マスタングについて間違っているのはどれか。

① 既存のファルコンのフロアユニットを流用
② シボレー・カマロの成功でフォードが企画
③ マスタングの成功で"ポニーカー"と呼ばれる新セグメントが誕生
④ 開発責任者はリー・アイアコッカ

>>解説

フォード・マスタングは、当時、フォードの副社長であったリー・アイアコッカが開発の指揮を執って製品化した、1960年代フォードを代表するヒット作だ。大衆向けセダンであるファルコンのフロアユニットの上に、まったく新しいボディを被せ、若者向けスペシャルティーカーとして世に出した。若者だけでなく広い世代からの支持を受けて爆発的にヒットし、GMやクライスラーも追随、シボレー・カマロやダッジ・チャージャーなどが登場するに及んで「ポニーカー」という独自のジャンルを築き上げた。

フォード・マスタング

>>答え ②

>>ポイント

マスタングのヒットによって誕生したジャンルがなぜポニーカーと呼ばれるかということも検証しておきたい。ちなみにマスタングとは野生の馬の意味。マスタングの成功は、日本の自動車産業にも大きな影響を与えた。

Question 024

1979年に「47万円!」をキャッチコピーにして登場した軽自動車はどれか。

① スバル・レックス・コンビ
② スズキ・アルト
③ ダイハツ・ミラ
④ ホンダ・トゥデイ

>>解説

1979年のアルトのデビューは印象的だった。それまでの軽自動車が乗用のセダン、商用のバンと区別されていたのに対して、税制面で有利な商用登録として価格を抑え、全国統一車両本体価格47万円という驚異的な低価格で発売したからだ。発売から間もなくして生産が追いつかぬほどの大ヒットとなり、アルトが拓いた軽自動車の新しい形はすぐさま他社にも波及し、軽商用車(軽ボンネットバン)のブームが巻き起こった。この様子を見た政府は、非課税だった軽ボンネットバンに5.5%の物品税を課した。スズキはこれに対して、2座席の軽商用車は対象外であることを逆手に取り、1979年10月には2座席車を設定して47万円を守った(4座は49万円)。

>>答え ②

>>ポイント

当時、軽乗用車には15.5%の物品税が課されていたが、軽商用車は無税であった。これに着目したスズキは、「軽乗用車として使う商用車」というジャンルにアルトで切り込んだ。想定されたのは、主婦が買い物や子どもの送迎に使うセカンドカー市場であった。スズキは事前の市場調査で、軽自動車の通常の乗員は1～2人というデータを得ていたので、後部座席の居住性が良くない商用車でもユーザーの使い勝手には問題ないと判断したのだ。現在でも、アルトこそ本来の軽自動車の姿と高く評価されている。

Question 025

1935年に経営難に悩むシトロエンを傘下に収めた会社はどれか。

① フィアット
② ルノー
③ プジョー
④ ミシュラン

>>解説

シトロエンは、第一次大戦が終結して間もない1919年、大量生産による大衆への自動車の普及を目論んだアンドレ・シトロエンによって興された。アンドレはフォードに倣ってアメリカ流の大量生産を採用し、短期間で同社を欧州有数の自動車メーカーに育て上げた。初期のモデルはオーソドックスな機構を採用していたが、1934年には前輪駆動方式を採用、当時としては革新的な機構を持つトラクシオン・アヴァンを発売した。同車は優れた乗用車であったが、その開発には多大な費用がかかり、また急激な事業拡張も災いして会社の財政は逼迫し、この結果、1935年にミシュランの傘下に入ることになった。

>>答え ④

>>ポイント

アンドレ・シトロエンは優れた製品を世に出すのと引き替えに、結果的に自分の会社を手放すことになった。だが、トラクシオン・アヴァンが成功を収めたからこそ、その後に続いたDSなどの一連の前輪駆動車でリーダーシップを握ることができたといっても過言ではない。アンドレはミシュランの傘下に入った年、失意のうちに病死した。

Question 026

これらの大衆車で発売が最も早いのはどれか。

>>解説

それぞれの発売年は以下のとおり。①のミニが1959年、②のフィアット・ヌォーヴァ500が1957年、③のシトロエン2CVが1948年、④のルノー4CVが1946年。ここに挙げた4台は第二次大戦後に登場したモデルで、どれも優れた大衆車として大きな成功を収めている。シトロエン2CVとルノー4CVは大戦前から着手していたことが明らかになっているが、発売されたのはルノー4CVが早い。

>>答え ④

>>ポイント

駆動レイアウトは、ルノー4CVとフィアット・ヌォーヴァ500がリアエンジン。もうひとつの偉大な小型車であるVWビートルもリアエンジンだ。ミニとシトロエン2CVは前輪駆動だ。小型大衆車の主流はリアエンジンであったが、ミニの成功を機に、時代は前輪駆動に向かっていった。

Question 027

1907年6月17日のブルックランズ・サーキットのオープニングレースのひとつ"30マイル・モンタギュー・カップ"で大倉喜七郎という25歳の日本人青年が2位に入賞した。大倉青年が乗ったクルマはどれか。

①アルファ・ロメオ
②フィアット
③ランチア
④ルノー

>>解説

大倉喜七郎は大倉組の創始者である大倉喜八郎男爵の子息で、1900（明治33）年から7年間にわたって英国に留学し、ケンブリッジ大学で経済学や法律学、工学などを学んでいた。大学の寮でドイツ人の留学生から日本には自動車などないだろうと言われたことで奮起し、ACFグランプリに優勝したフィアットの同型車を購入してレースに参戦。メインレースのルノー記念レースでは1ヒート目にリタイアに終わったが、モンターギュ・カップでは2位入賞を果たした。

大倉喜七郎とフィアット

>>答え ②

>>ポイント

大倉喜七郎の名は日本人初のレーシングドライバーとして記録されている。日本のモータースポーツ史の第1ページとして記憶しておきたい。

Question 028

1928年、ニュルブルクリンクのドイツGPで、メルセデス・チームのノイバウアー監督がレース中にある初の試みをした。それは何か。

①タイヤ交換
②ピットサイン
③給油
④無線によるドライバーとの交信

>>解説

アルフレッド・ノイバウアーはダイムラー・ベンツの監督として、メルセデス・ベンツ・レーシングチームの指揮を執り、大成功を収めた。当時のレースでは、いったん走り始めてしまったら、ピットはドライバーとは何の連絡手段もなく、給油やタイヤ交換時のピットインだけが情報伝達の機会だった。ノイバウアー監督はドライバーとの意思疎通の手段として旗を使ってサインを出した。

>>答え　②

>>ポイント

現在では無線交信によってピットはドライバーと相互の意思疎通を図っているが、それ以前はピットからのサインボードがその手段として長く使われていた。

Question 029

1935年7月のドイツGPでは、圧倒的な強さを誇るドイツ勢を敵に回して、旧式で非力なアルファ・ロメオ・ティーポBに乗るヌヴォラーリが勝利した。この時、ヌヴォラーリがとった行動はどれか。

①イタリア国旗が用意されていないことを知って、持参の国旗を取り出した
②イタリア国歌が用意されていないことを知って、持参のレコードを取り出した
③表彰式に出ないで帰ってしまった
④イタリア国旗を掲げてコースを1周した

>>解説

これはレース史では有名な逸話として語り継がれている。レースはダイムラー・ベンツとアウトウニオンの母国で行なわれるドイツGPであり、圧倒的な強さで連戦連勝を重ねていたドイツ勢が当然勝つと確信していたレース主催者は、ドイツ国歌しか用意していなかった。これを知ったヌヴォラーリは激怒したが、持参していたイタリア国歌のレコードを差し出し、サーキットに国歌が轟いた。

>>答え ②

>>ポイント

それほど当時はドイツのレーシングカーが強かったという逸話。ドイツは国威発揚の場としてグランプリレースに参加していた。これはイタリアのムッソリーニの考えに倣ったものだが、ドイツは国策としてチームに資金援助を行なっていた。

Question 030

1964年にデビューしたホンダ F1 について、間違っているのはどれか。

① 日本のメーカーが F1 に参戦したのはこれが初
② デビューレースはホッケンハイムで開催されたドイツ GP
③ ドライバーはアメリカ人のロニー・バックナム
④ 4 カム V12 気筒エンジンを横置きに搭載

>>解説

ホンダの F1 デビューはあらゆる意味で初物づくしだった。まずコンストラクターとして日本はおろかアジア初のグランプリ挑戦であったし、V 型 12 気筒エンジンを横置きに搭載するなど、それまでの F1 の常識では考えられなかったことを実行した。ドライバーの起用もそうで、1964 年にはそれまで F1 の経験もないロニー・バックナムを起用した。ということで、①、③、④は正解。デビューの舞台がドイツ GP というのは正しいが、サーキットはニュルブルクリングであった。

ホンダ F1

>>答え　②

>>ポイント

この 30 年間のドイツ GP は、唯一の例外の 1985 年を除いてホッケンハイムで行なわれるのが通例だが、ホッケンハイムが初めてドイツ GP の舞台となったのは 1970 年。

Question 031

2006年に引退したシューマッハーはF1通算91勝を挙げたが、それまで勝利数でトップだったのは誰か。

① アイルトン・セナ
② ナイジェル・マンセル
③ アラン・プロスト
④ エマーソン・フィッティパルディ

>>解説

シューマッハーは通算7回もワールドチャンピオンシップを獲得しており、勝利数が多いのもうなずける。あとの3人のワールドチャンピオンシップ獲得回数と勝利数を見ると、セナが3回／41勝、マンセルが1回／31勝、プロストが4回／51勝、フィッティパルディが2回／14勝となる。2位プロストに対して実に50勝の差をつけているわけで、いかにシューマッハーが飛び抜けた技量の持ち主であるかがわかる。

>>答え ③

>>ポイント

セナ亡きあとアロンソが現われるまで、シューマッハーには強力なライバルが存在しなかったことも、彼が勝利を"量産"できた理由のひとつだ。これに対して、セナとマンセルとプロストはそれぞれが強力なライバル関係にあり、フィッティパルディもスチュワートやペテルソンという好敵手が存在した。

Question 032

アフリカを舞台に行なわれるサファリ・ラリーで初めて優勝した日本車はどれか。

① 三菱ランサー
② ダットサン・ブルーバード 510
③ トヨタ・セリカ
④ ダットサン・フェアレディ 240Z

>>解説

イーストアフリカン・サファリ・ラリーに積極的に挑戦していた日産は、1970年に見事総合優勝を果たした。マシーンは1967年に登場したブルーバード510型（1600SSS）であった。アフリカの原野を舞台に繰り広げられるサファリ・ラリーは、世界屈指の過酷なコース状況で行なわれることで"カー・ブレーカー"の異名を持ち、当時、高い人気を博していた。

ダットサン・ブルーバード 1600SSS

>>答え　②

>>ポイント

日産が初めてサファリ・ラリーに出場したのは1963年の第11回だ。日本の自動車会社に対して行なわれたラリー主催者からの呼びかけに応えたもので、ブルーバードとセドリックを各2台送り込んでいる。また日野もコンテッサで出場したが、日本車はすべてリタイアに終わっている。

Question 033

ルマン 24 時間、インディ 500、F1 ワールドチャンピオン。これら 3 種のジャンルのレースをすべて制したコンストラクターはどれか。

① フェラーリ
② ロータス
③ BRM
④ マクラーレン

>>解説

この3つのレースを制するには、スポーツカーもフォーミュラカーも製造しなければならない。ロータスは、F1選手権はもちろんインディーも制したことはあるが、ルマンで総合優勝を果たすような車は持ったことがない。F1が中心だったBRMは、ルマンやCan-Amにも参戦したことはあるがいずれも成功したとはいえない。フェラーリは他の2つで王座に就いたことはあるが、インディーでの勝利はない（ワークスではないが1952年に参戦の記録はある）。マクラーレンは、F1のワールドチャンピオンは8回獲得、インディーにはM16で1972年、74年、76年と3回頂点に輝き、ルマンでは95年にマクラーレンF1 GTRで見事総合優勝を果たしている。

>>答え ④

>>ポイント

マクラーレンの歴史は長い。ロン・デニスが率いる体制以前に17年の"オリジナル"ともいえる第一期があり、F1を主戦場としながらも、インディーやCan-Amでも大成功を収めていた。

Question 034

1977年にルノーがF1に参戦したが、当時のルノーF1について間違っているのはどれか。

① 1500ccのターボチャージャー付きエンジン
② F1で初めての直噴エンジン
③ F1で初めてラジアルタイヤを採用
④ 初優勝は1979年

>>解説

1966年発効のF1エンジンに関するレギュレーションは自然吸気（NA）なら3ℓまで、過給器付きは1.5ℓまでとされていた。1970年代中盤までは全チームがNAの3ℓエンジンを搭載していたが、77年から参戦を開始したルノーは最初から1.5ℓターボエンジンを採用。ターボの弱点であるスロットルタイミングの遅れ（ターボラグ）や低回転でのピックアップの悪さなどを徐々に克服、1979年にはついに初勝利を遂げるまでに完成度を高めた。また、ルノーF1にはミシュラン・タイヤがF1初のラジアル構造をもって装着されていたことも話題となった。ルノーのF1への挑戦は純フランス企業による挑戦でもあった。

>>答え　②

>>ポイント

ルノーのターボエンジンの成功はその後、他のコンストラクターにも波及。1983年以降はコンストラクターズ、ドライバーズともに王座を獲得する実力派に躍進する。しかしその間も圧倒的な大パワーを制限すべく、搭載燃料の量や過給圧を抑えるなどの規制が毎年強化され、ついに89年には過給器付きエンジンそのものが禁止、自然吸気3ℓへ一本化された。

Question 035

1958年の豪州ラリーで"富士号"が日本車として戦後初めて海外のモータースポーツでクラス優勝を果たした。そのクルマのメーカーはどこか。

① トヨタ
② ニッサン
③ プリンス
④ 日野

>>解説

1958年の豪州ラリーには、"桜号"と"富士号"と名付けられた2台のダットサン210型が参加。日産自動車としては初の国際ラリー参加にもかかわらず、赤い"富士号"がクラス優勝(総合25位)を成し遂げた。この2台は今でも日産自動車に保管されており、時折、イベントで展示されている。

ダットサン"富士号"

>>答え ②

>>ポイント

第二次大戦後、日本の自動車が海外のモータースポーツ・イベントに初めて参加したのも豪州一周ラリーで、1957年にトヨタがトヨペット・クラウンで挑戦している。1台だけの出場であったが、シドニーをスタートし、オーストラリア大陸を右回りに1周してメルボルンにゴールする1万6000kmの耐久ラリーで、52台中の総合47位で完走を果たした。

Question 036

1960年に東京都内で初となる交通取り締まりが実施された。それは何だったか。

①乗車定員違反
②スピード違反
③整備不良
④飲酒運転

>>解説

車の数が増えるにつれ交通事故が大きな社会問題となっていった。自動車事故対策として、1960（昭和35）年3月13日に第一および第二京浜国道など8カ所で、東京都内で初となるスピード違反取り締まりが実施され、半日で381人が検挙された。

>>答え　②

>>ポイント

駐車違反車撲滅に「レッカー車」が登場したのも1960年のことだ。警視庁が1960年12月20日に施行した新道路交通法により、警官が駐車違反車を移動できるようになったことによる。移送第1号となったのは、12月26日に築地4丁目で違法駐車と認められた小型車だった。

Question 037

1988年に封切られた『The Man and His Dream』の副題がついたフランシス・コッポラ監督の映画は、アメリカに実在した先進的なクルマとその開発者を描いている。そのクルマとは何か。

①フォード・マスタング
②シボレー・コルベア
③タッカー・トーピード48
④コード810

>>解説

この映画には、1940年代にビッグ3に挑んだプレストン・タッカーの苦闘を描かれている。タッカーが計画したのは安全性に配慮した乗用車だった。「あまりに先進的であり、他社のクルマが安全でないという印象を与えると恐れたビッグ3はタッカーの計画を妨害しようと策を巡らし、プレストン・タッカーは詐欺師として裁判台に立つことになる」というストーリー。

タッカー・トーピード

>>答え ③

>>ポイント

コッポラ監督は、自身もタッカー・トーピードを2台所有するというタッカー・ファンであった。1946年から48年までに50台しか生産されず、映画公開当時には46台が現存していたが、このうち21台がこの映画に登場している。

Question 038

スコット・フィッツジェラルドの小説『グレート・ギャツビー』で、主人公のギャツビーが乗っていたのはどれか。

① ピンクのキャデラック
② 青いパッカード
③ 黒いT型フォード
④ 黄色いロールス・ロイス

>>解説

ギャツビーが「成り上がり者」であり、金にまかせて悪趣味な生活をしていることを表すために、作者は象徴的な存在として黄色くペイントしたこのクルマを用いている。ロールス・ロイスらしからぬ黄色で塗ったうえに、シートをグリーンにし、ゴテゴテと飾り立ててギャツビーを乗せた。

>>答え ④

>>ポイント

海外の小説や映画ではクルマのキャスティングも重要な要素になっており、クルマ好きにとっては、著者や演出家の意図をくみ取るという楽しみもある。もっとも最近は自動車メーカーとのタイアップもあり、面白味に欠けるのも事実ではあるが。

Question 039

2008年のダカール・ラリー（通称パリダカ）が中止になった理由は何か。

①環境破壊への懸念が広がった
②開発費の高騰で参加者が減った
③サハラ砂漠にバッタが異常発生した
④アルカイダのテロの情報があった

>>解説

ダカール・ラリーの発端となったパリ・ダカール・ラリーが始まったのは1979年のことだ。パリをスタートし、スペインのバルセロナからアフリカ大陸に渡り、セネガルの首都であるダカールに至る1万2000kmを走破する。アフリカの砂漠地帯では充分な救護も望めず、政情不安な地帯も通過することから、「世界一過酷なラリーエイド」と呼ばれ、過酷さゆえに人気を呼んだ。2008年には、コースが設定されているモーリタニアでテロの情報があったとして、スタート前日の1月4日に中止が発表された。

>>答え　④

>>ポイント

アフリカ大陸には欧州の国々が植民地として支配していた国が多く、そこを舞台に、フランスなど欧州の企業や人が主体となって行なう競技のため、テロの標的として狙われやすかったのだろう。2009年からは南米アルゼンチンの首都であるブエノスアイレスからチリを回る周回コースとなった。

Question 040

TVシリーズ『刑事コロンボ』でコロンボが乗っていたクルマは何か。

①オースチン A90 アトランティック
②プジョー 403 コンバーティブル
③メルセデス・ベンツ 190SL
④フィアット 1200 スパイダー

>>解説
コロンボは、1959年式の薄汚れたプジョー 403 コンバーティブルを足に使っていた。いつも汚い身なりで愚鈍そうなコロンボ刑事が、知的な犯人が計画した完全犯罪を解明すべく、頭脳的かつ穏やかに犯人を追い詰めていく。そうしたコロンボのしぶとさを、見かけは風采が上がらぬが質実剛健な古びたプジョー 403 でも表現している。

プジョー 403 コンバーティブル

>>答え　②

>>ポイント
このシリーズでは犯人が乗るクルマにも、よく考えられたキャスティングがなされている。

Question 041

ETC の正式名称は？

① Electronic Trail Control System
② Electronic Traffic Control System
③ Electronic Tax Collection System
④ Electronic Toll Collection System

>>解説

ETC とは Electronic Toll Collection System の略。直訳すれば、通行料電子決済システムとでもなるだろうが、「ノンストップ自動料金収受システム」というのが我が国での一般的な日本語表記である。料金支払いの際に一旦停車する必要がないということを前面に打ち出したかったのであろう。全国高速道路での利用が開始されたが、ETC 装着車に対する料金割引や、スマートインターチェンジ（社会実験中）などの方策が功を奏し、2009 年 1 月現在、2500 万台を超える車両に ETC 車載器が取り付けられるに至った。

>>答え　④

>>ポイント

現在 ETC は高速および有料道路の通行料金を収受しているだけだが、今後はそれだけでなく ETC 通信技術を活用して、駐車場料金の自動支払い、カーナビへの情報提供など、幅広い ITS サービスに発展していく予定である。

Question 042

飲酒により正常な運転が困難な状態で自動車を走行させ、人を死亡させた場合の罪名は何か。

①道路交通法違反
②業務上過失致死傷罪
③危険運転致死傷罪
④殺人罪

>>解説
これまで交通事故の加害者は業務上過失致死傷罪で立件されてきたが、悪質な運転者に軽い刑罰しか適用できないことが問題となり、2001年に危険運転致死傷罪が制定された。その後も飲酒運転に対する罰則は強化されている。

>>答え ③

>>ポイント
交通法規に関するものでも、罰則規定についての変更点には留意しておきたい。

Question 043

1886年にカール・ベンツが特許を取得した"パテント・モートル・ヴァーゲン・ベンツ"はどれか。

① 一輪車
② 二輪車（モーターサイクル）
③ 三輪車
④ 四輪車

>>解説

ベンツは蒸気機関に代わる、定置式の2ストローク・エンジンを完成させていたが、自動車への搭載を目的に、高回転で小型の4ストローク・エンジンを1885年に開発。それを搭載した自動車を完成させた。前1輪の三輪車にしたのは、理論的には内輪差を考慮したステアリング機構は完成されていたものの、実用化にはまだ技術的な問題が多く、壊れやすいことを考慮したため。馬車なら馬が引くので問題はないが、操舵と推進を兼ねなければならない自動車では、安全上に重大な問題が起こることを懸念していた。思慮深い技術者だったベンツは、次々に生まれたばかりの自動車に改良を重ね、自動車の基礎的な技術を確立していった。

パテント・モートル・ヴァーゲン

>>答え ③

>>ポイント

1885年にカール・ベンツは三輪のガソリン自動車を完成。翌1886年冬には特許を取得している。1886年を自動車元年とする主張の根拠はこれだ。

Question 044

明治39年、ある自治体が日本で初めて自動車税を新設した。それまでは自動車に対する税金は何と同じだったか。

① 自転車
② 荷車
③ 馬車
④ 家屋

>>解説

大阪府がこの税を創設するまで、各府県とも自動車に対する税金は自転車と同じで年額3円だった。最も税額が大きかったのは、1種に区分された、5人乗り（運転手は除く）以上（貨物専用車は積載量1000ポンド以上）の車輌で、自家用が年額80円、営業用が60円であった。もっとも安価だったのは、3種に区分された1人乗り（貨物専用車は積載量500ポンド未満）の車輌で、自家用が年額40円、営業用が年額20円だった。

>>答え　①

>>ポイント

自動車に様々な税が課されている現在からは、クルマに課税されていなかったことなど信じられないだろう。クルマの台数など僅かで、自転車のほうが比較にならぬほど多かった。

Question 045

1914年にアメリカで量産車としては初めてV型8気筒エンジンを搭載したクルマが誕生した。排気量5150ccで70hp／2400rpmを発生したそのモデルを作ったメーカーはどれか。

① フォード
② シボレー
③ キャデラック
④ リンカーン

>>解説

高級車メーカーとして確固たる存在であったキャデラックは、セルフスターターなど新しい技術をいち早く導入したが、この分野でも先んじた。ヨーロッパのメーカーでは実験的にV8が製造されていたものの、キャデラックが実用的なV8エンジンの開発に成功して1914年型に搭載。6気筒の他社製高級車に差をつけた。

>>答え　③

>>ポイント

やがてアメリカの高級車は競って多気筒エンジンの採用に乗り出し、V12やV16を生産するようになる。一方、フォードは1932年に大衆車にもV8エンジンを搭載して発売し、人々を驚かせた。

Question **046**

1926年に2つの大きなドイツの自動車会社である、ダイムラーとベンツが合併した。この時、新会社の技術部長に就任したのは誰か。

①カール・ベンツ
②フェルディナント・ポルシェ
③ゴットリープ・ダイムラー
④ハンス・レドヴィンカ

>>解説

ポルシェ博士は1923年にアウストロダイムラー社からダイムラー社に移籍して、技術部長兼取締役に就任。合併後もその地位に留まり、高性能車やレーシングカーを多数手掛けた。1924年にはスーパーチャージャー付2000ccのレーシングカーを開発しタルガ・フローリオに勝利している。最もポルシェ博士らしいモデルが、1927年から生産されたスポーツ・モデルのSシリーズで、1928年にはさらに高性能なSSやSSKに発展。レースでも大成功を収めた。だが、その後、開発方針の違いから経営陣と衝突し、SSが登場した1928年にダイムラー・ベンツ社を辞している。

フェルディナント・ポルシェ博士

>>答え ②

>>ポイント

ゴットリープ・ダイムラーは合併当時には故人（1900年没）となっていた。ハンス・レドヴィンカはチェコのタトラの設計者。

Question 047

1934年にクライスラー・コーポレーションが、自社のクライスラーとデソートに設けた「エアフロー」についての記述で間違っているのはどれか。

① 流線型のボディ
② 営業成績面では失敗
③ 客室が完全にホイールベースの間にある
④ 四輪独立懸架を採用していた

>>解説

エアフローの最大の特徴は、それまでは試作車にしか例のない空力的な形状のボディを生産車にも採用したことだ。さらにホイールベース間に前後の座席を収めた初の試みであった。エアフロー以前のクルマは、前後車軸の間にエンジンも客室も配されており、ラジエターは前車軸の真上、ボディの後端は車軸の直後で終わっていた。だが、エアフロー（および戦後のクルマ）では、ラジエターは前車軸より前方に、トランクは後車軸の後方に突きだしていて、客室は完全に前後軸の間にある。こうすると、客室の床面は広くなり、揺れも少なくなる。だがメカニズムはオーソドックスで、前後輪ともリジッドアクスルだった。

デソート・エアフロー

>>答え ④

>>ポイント

量産車としては世界初の大胆な流線型であったが、あまりにも先鋭的にすぎたために営業成績面では失敗に終わった。

Question 048

1927年の第1回ミッレミリアで優勝したのは、どのメーカーか。

① ランチア
② OM
③ アルファ・ロメオ
④ マセラティ

>>解説

1927年の優勝車は、ミッレミリアのスタートとゴール地点となったブレシアに本拠を置くOM（Officine Meccaniche）の、2ℓ6気筒SVエンジンを搭載したスポーツモデル、665Sportだった。ドライバーはフェルディナンド・ミノイア／ジュゼッペ・モランディ。OMは機関車と商用車を手掛けるメーカーで、1918年に創業し、1.3ℓクラスから2.3ℓクラスのクルマを1930年代半ばまで生産した。

>>答え　②

>>ポイント

ミッレミリアは1927年に始まった公道レースで、第二次大戦で中断するものの、1957年の大事故をきっかけに幕を閉じるまで開催された。北部の都市ブレシアを出発して南下し、ローマで折り返して北上してブレシアへ戻るというルートで、1000マイル（イタリア語で mille miglia）を走ることからこの名で呼ばれた。

Question 049

1966年の第13回全日本自動車ショーには日本の「マイカー元年」にふさわしい小型車が登場した。当てはまらないものはどれか。

① トヨタ・カローラ
② フジキャビン
③ ホンダ N360
④ ニッサン・サニー

>>解説

1964、65年には800cc級大衆車が多く登場し、66年にはトヨタと日産から1000〜1100ccの新型車が発表されたことで、「マイカー元年」と呼ぶようになる。4月に日産がサニー1000を発売、東京モーターショーではトヨタが1100ccのカローラを公表、ショー終了後の11月に発売した。軽乗用車ではスズキとスバルが先行し、マツダを追ってダイハツ、ホンダが参入した。フジキャビンは三輪のキャビンスクーターで、1957年に発売された。

>>答え ②

>>ポイント

このほか、1966年に起きた日本の自動車業界における大きな話題は、8月に日産がプリンス自動車工業と合併し、同社を傘下に収めたことだ。また、いすゞが3月のジュネーヴ・ショーに出品した117クーペが東京モーターショーにも展示された。

Question 050

1966年に宿願だったルマンでの初優勝を果たしたメーカーはどれか。

①ポルシェ
②フォード
③ GM
④ルノー

>>解説

ルマン24時間に優勝するのはいつの時代でも自動車メーカーの夢だが、1960年代半ばにフォードがかけた思いは一頭地を抜いていた。当時、フォードの重役だった、リー・アイアコッカは常にGMの下に甘んじている現状を打破すべく、若者にターゲットを絞った戦略を構築、宣伝活動の柱にモータースポーツを利用しようとした。ルマンに勝つことが最大の効果と考えた彼は手段を選ばず、一時はフェラーリを買収しようとさえした。結局は自ら作ったマシーンで参加、大資本ならではの物量作戦によって、挑戦3年目の1966年と翌67年にワークスとしてルマン2連勝を果たした。

フォード GT40MK Ⅱ

>>答え ②

>>ポイント

ワークス(アメリカ・フォード)としては、この2回の勝利がすべてであったが、フォード車としては1968年、69年にもルマンを制覇しており、フォードはルマンに都合4連勝したことになる。ちなみに後半の2勝はJWオートモーティブのマネジメントになるGT40によってもたらされた。

Question 051

現在のF1では、ボディはスポンサーのカラーに塗られている。それまでの各国のナショナルカラーに代わり、1968年シーズン最初にF1のスポンサーカラー導入のさきがけとなった企業の業種は何か。

①化粧品
②タバコ
③酒類
④食品

>>解説

F1にスポンサーカラーが登場したのは1968年のスペインGPから。それまでブリティシュ・グリーンに塗られていたロータス49フォードが、ロータスがタバコ会社のジョン・プレイヤー＆サンズ社と契約したことで、その1ブランドであるゴールドリーフの絵柄をそのまま葉巻型ボディに展開したのが初だ。スポンサーカラーの最初はロータスに描かれたタバコのパッケージカラーだが、やがてオイル添加剤や化粧品、酒類、食品の企業もスポンサーに名乗りを上げ、そのカラーに塗られるようになる。

>>答え ②

ロータス49

>>ポイント

スポンサーカラーの登場はF1に商業主義の波が押し寄せたことを意味するが、このスペインGPの1ヵ月前には当時実力No.1のジム・クラークが事故死、直後にはF1にも空力設計が及びはじめるなど、F1にとってひとつの時代の終焉と、新たな時代の始まりの、ちょうど狭間の時期であった。

Question 052

このクルマはルノー 4CV のプロトタイプだが、その設計者は誰か。

① フェルディナント・ポルシェ
② フェルナン・ピカール
③ ジャン・レデレ
④ ダンテ・ジアコーサ

>>解説

これら 4 名はみな優れた設計者で、名作と呼ばれるクルマを残している。4CV の設計者はルノーのピカールで、彼が個人的に温めていたプロジェクトだったが、戦後の困窮期には小型車が最適との判断によって、すでに完成していた中型車の計画をとりやめ、ピカールの小型車案が陽の目を見た。

>>答え　②

>>ポイント

ルノー 4CV はポルシェ博士の設計といわれたこともあったが、これは誤り。ジャン・レデレはルノー 4CV をベースにして、アルピーヌを生んだ。

Question 053

1995年の東京モーターショーで公開されたこのクルマは何か。

①ホンダ SSM
②ピニンファリーナ・アルジェント・ヴィーヴォ
③マツダ RX-01
④トヨタ MRJ

>>解説

②はホンダとピニンファリーナの15年以上にわたる友好関係を祝って共同開発されたショーモデルである。この年のショーでは、後のホンダ S2000 を示唆するプロトタイプのホンダ SSM（Sports Study Model）も展示され、目玉となった。

>>答え　②

>>ポイント

1995年の東京モーターショーは"スポーツカーと RV のショー"といえた。スポーツカーを挙げると、マツダが出品した RX-01 は後の RX-8 を、トヨタからは後の MR-S の存在をほのめかす MR が出品された。

Question 054

2007年の米国新車販売台数に関して、正しい記述はどれか。

①米ビッグスリーのシェア合計は50%割れ
②日本メーカーのシェア合計は前年比2%増
③販売台数の合計は前年比2.8%増
④ホンダのシェアは10%超

>>解説

GM、フォード、クライスラーの、いわゆるビッグスリーの経営危機が、日本でも声高に叫ばれるようになったのは2008年のリーマンショック以降のことだが、それ以前からビッグスリーの凋落は始まっていた。2007年はなんとか半分のシェアを確保していた。

>>答え ②

>>ポイント

経営危機に瀕しているビッグスリーについては、今後もニュースを注視していただきたい。出題の可能性は高い。

Question 055

2007年の日本の軽自動車販売台数に関して、正しい記述はどれか。

①販売台数合計は200万台超
②4年ぶりに前年比マイナス
③シェアトップはスズキ
④日産のシェアは10％超

>>解説

乗用車の売れ行きが減少するなかにあって、軽自動車は販売を伸ばしていたが、2007年の販売台数は、191万9816台で4年ぶりに前年比5.1％のマイナスとなった。車種別では、乗用車が約144万7000台で前年比4.0％減となり、こちらも4年ぶりのマイナスであった。いっぽう貨物車は対前年比8.4％減となり2年連続のマイナスとなった。メーカー別では、トップは前年のスズキに代わってダイハツ工業（61万5159台、前年比2.3％増）となり、2位がスズキ（59万1391台、同3.3％減少）であった。

>>答え　②

>>ポイント

維持費が安いことから好調な販売を続けていた軽自動車市場にも、経済環境の冷え込みが響いている。

Question 056

2008年6月から施行された改正道路交通法の内容として、間違っているのはどれか。

① 自動車後席のシートベルト義務化
② 75歳以上の運転者に高齢運転者標識の表示を義務化
③ 13歳未満の子供の自転車走行時ヘルメット装着の義務化
④ 13歳未満の子供、70歳以上の高齢者の自転車での歩道通行を明確に許可

>>解説

2008年6月に施行された道路交通法改正は、主として4つの柱から成っている。まず、自動車の後席シートベルトの着用義務化、75歳以上のドライバーに高齢者運転者標識（もみじマーク）表示の義務化、13歳未満の者、70歳以上の者、身体に障害を持つ方が自転車に乗るときの歩道通行許可の明確化、それに新設された聴覚障害者標識を表示した車両に対する幅寄せや割り込みの罰則である。

>>答え ③

>>ポイント

これまで曖昧であった自転車の通行区分がこの改正によって明確にされた。車道と歩道が区別された道路において自転車は車道を走ることが原則であるが、選択肢④のように子供と高齢者に限っては歩道の走行が許可される、ということである。自転車の事故は年々増えており、頭部を損傷するケースも少なくない。ヘルメットの着用は義務ではないが、できるだけ着用するのが望ましいとされる。

Question 057

次のうち、ルノーのデザイン部門副社長（当時）であるパトリック・ルケマンの作品と呼べないルノー車はどのモデルか。

① トゥインゴ
② メガーヌ
③ アヴァンタイム
④ 21（ヴァンテアン）

>>解説

ルケマンはルノーのインハウス・デザイナーで、多くの近未来的なデザインを手掛けている。1945年フランス生まれ、英国のバーミンガム工科大学を卒業後、66年シムカに入社。68年にはフォードに移籍し、英独米のフォードでデザインを手掛けた。1985年にVWアウディグループに移籍、87年にルノーに転じた。この中で彼の作品でないものは、1986年にデビューした21で、基本デザインはジウジアーロだ。

ルノー21

>>答え ④

>>ポイント

フォード時代のルケマンは、曲面豊かなデザインが話題となったシエラを手掛けている。シエラは乗用車ながら、空力的なデザインを採用した先駆として記憶されている。

Question 058

クライスラーが 50 年代に発表した HEMI エンジンの名前の由来は、次のうちどれか。

① アーネスト・ヘミングウェイが好んだエンジンだから
② ヘミスフェリカル（半球形）のヘッド形状を採用したから
③ 後の 60 年代にジミ・ヘンドリックスが好んだエンジンだから
④ NASCAR でヘミというドライバーが駆って連戦連勝したエンジンだから

>>解説

1951 年、クライスラーは"HEMI"半球形燃焼室（ヘミスフェリカル・ヘッド）を備えた 5.4ℓ 180hp の"ファイアパワー"を完成。これがアメリカにおける高性能 V8 エンジン時代の幕開けとなった。現代のクライスラー 300 に搭載されている"HEMI"の名のルーツだ。

1951 年クライスラー・ニューヨーカー

>>答え　②

>>ポイント

OHV ながら半球形燃焼室を採用した"HEMI"エンジンは、アメリカのスポーティーな高性能エンジンの代名詞となった。現代のクライスラー 300 に搭載されている"HEMI"の名のルーツだ。

Question 059

1980〜90年代、国産自動車メーカーは最高出力を280馬力に自主規制していたが、規制撤廃後、国産車として初めて280馬力以上の最高出力を備えて登場したのはどのモデルか。

①ニッサン GT-R
②レクサス GS
③スバル・レガシィ
④ホンダ・レジェンド

>>解説

ここでいう"280馬力の規制"とは、日本国内の自動車メーカーが正規に販売する自動車に対し、エンジンの出力（馬力）を一定の範囲に定めた自主的な規制のこと。高性能競争と交通事故の抑制という大義名分を掲げた当時の運輸省の行政指導によって、メーカーは最高出力の自主規制を行なった。上限値となったのは、それに先立つ1989年に発売されたZ32型フェアレディZ（Z32型）の280馬力で、以降、これを超えるクルマには型式が与えられなくなった。交通事故の減少が続いたことから、2004年6月30日に日本自動車工業会が国土交通省に撤廃を申し出た。最初に最高出力が280馬力を超えたのは3.5ℓ 300馬力エンジンを搭載した4代目のホンダ・レジェンド（2004年10月登場）であった。

>>答え ④

>>ポイント

日本自動車工業会に加盟していないメーカーは対象外だったため、輸入車は自主規制に参加していなかった。このため輸入車の高出力が目立つことになった。

Question 060

全長が一番短いクルマはどれか。

①トヨタ iQ
②スマート・フォーツー・クーペ（2代目）
③スズキ・ツイン
④タタ・ナノ

>>解説

上から順に 2985mm、2720mm、2735mm、3100mm となり、スマート・フォーツー・クーペが最も短い。だが、スマートより 265mm だけ長いトヨタ iQ は、3m 以下の短い全長ながら 4 人乗りとした高効率パッケージが売り。タタ・ナノは、"世界最安"を命題として生まれたクルマで、コンパクトなのはコスト上必然。

スマート・フォーツー・クーペ

>>答え　②

>>ポイント

現在の軽自動車の規格（1998 年 10 月改定）は、全長が 3.40m だから、ここに挙げた 4 車はすべて軽自動車より短い。

Question **061**

次のうち、亀のマークをシンボルとしていた歴史的なドライバーは誰か。

① アキッレ・ヴァルツィ
② フロイラン・ゴンザレス
③ フアン・マヌエル・ファンジオ
④ タツィオ・ヌヴォラーリ

>>解説

アルファ・ロメオやマセラティ、アウトウニオン、チシタリアで活躍した「空飛ぶマントヴァ人」と呼ばれたタツィオ・ヌヴォラーリは、黄色いシャツと金色の亀のブローチを身につけてレースに臨んだ。走りは勇猛果敢の一言に尽きるといわれ、ドリフト走法を駆使して常に全力疾走でレースに臨んだ。

ヌヴォラーリが愛した亀のマーク

>>答え ④

>>ポイント

彼のトレードマークとなった亀のブローチは、親しくしていた詩人のガブリエーレ・ダヌンツィオから「最も速い男に最も遅い動物を」と贈られた。

Question 062

ポルシェ・カイエンと VW トゥアレグは兄弟車の関係にあるが、この共同開発プロジェクトは何と呼ばれるか。

① コロラド・プロジェクト
② アリゾナ・プロジェクト
③ ヴァイザッハ・プロジェクト
④ シュトゥットガルト・プロジェクト

>>解説
ポルシェの高性能 4WD としてヒットしているカイエンは、VW との共同による「コロラド・プロジェクト」によって誕生した。フォルクスワーゲン版の名称がトゥアレグと決まるまではコロラドが車名になる可能性もあった。

>>答え ①

>>ポイント
今や VW の親会社となったポルシェだが、独力ではカイエンを開発するキャパシティーはなかったから、グループ企業の総力を挙げて自社としては初となる SUV 開発に臨んだ。

Question 063

2008年のF1選手権で、史上初となるナイトレースが開催されたのはどのグランプリか。

①バーレーンGP
②シンガポールGP
③マレーシアGP
④中国GP

>>解説
街地レースのシンガポールGPはスタートが日没後の午後8時のため、コースの全域にわたってイタリアのヴァレオが供給する照明装置が備えられた。2008年には、F1グランプリより先に二輪のWGPのカタールでナイトレースが開催されている。

>>答え ②

>>ポイント
スタートを夜間にした理由はシンガポール側の事情ではなく、生中継されるヨーロッパでの放送時間を考慮させられた結果。

Question 064

2007年度のF1GPで、コンストラクターズ・ランキングが1位だったのはどのチームか。

① ルノー
② ウィリアムズ
③ マクラーレン
④ フェラーリ

>>解説

2007年のF1GPは終始、ルイス・ハミルトンがルーキーとしてワールドチャンピオンシップを獲得できるかに関心が集まった。たが、途中マクラーレンのフェラーリに対する産業スパイ事件が発覚。ドライバーのポイントには影響が出なかったが、コンストラクターに関してはマクラーレンの獲得ポイントを剥奪、その結果204ポイントを獲得したフェラーリが王座に就いた。

>>答え ④

>>ポイント

マクラーレンのスパイ事件によって、チーム得点の剥奪があったということがポイント。ドライバーズポイントには影響はなかったとはいいながら、当のドライバーが受けた動揺は計り知れない。こんなアンフェアな事件さえ起きなければ、ハミルトンは大記録を達成したかもしれないし、マクラーレンとフェラーリのもっと熾烈な戦いが見られたにちがいない。

Question 065

日産ディーゼル工業はどの自動車メーカーの子会社か（2007年末時点）。

① 日産自動車
② ルノー
③ ボルボ
④ フォルクスワーゲン

>>解説

2006年3月に、当時の筆頭株主だった日産自動車が保有していた19%の株式のうち13%をボルボに売却してボルボが筆頭株主となった。9月には残りの6%もボルボに売却され、日産自動車との資本関係が消滅した。続いて2007年2月20日には、ボルボが完全子会社化を目的とした株式公開買い付け（TOB）の実施を発表、日産ディーゼルも賛同を決議し、ボルボは日産ディーゼル工業を完全子会社化した。

>>答え　③

>>ポイント

日本のトラック業界では再編成が活発に行なわれた。2003年1月に三菱自動車工業からの分離・独立によって発足した三菱ふそうトラック・バス株式会社は、ドイツのダイムラーの連結子会社だ。社名に惑わされぬように。

Question 066

オックスフォードで生まれたモーリスのエンブレムには牛が描かれているが、その牛はどんな場所に立っているか。

①浅瀬
②丘
③牧場
④カントリーロード

>>解説

モーリスのエンブレムは、本拠地であるオックスフォード市の紋章をモチーフにしている。なぜ浅瀬に牛が立っている（よく見ると歩いている）のかというと、オックスとフォードだからだ。ox が牛・雄牛で ford が浅瀬・川などの浅い場所というわけ。モーリスはナッフィールド・オーガナイゼイションに属したブランドだ。

モーリスのエンブレム

>>答え　①

>>ポイント

1952 年、イギリスの大手 2 大自動車製造会社であるオースティン・モータースとナッフィールド・オーガナイゼイションが合併して BMC が誕生した。ナッフィールドは、モーリスのほか、MG、ウーズレー、ライレーのブランドを所有していた。

Question 067

初代ミニは BMC 社内では ADO 15 と呼ばれていた。それではオースチン・ヒーレー・スプライトは何と呼ばれたか。

① ADO13
② ADO16
③ ADO18
④ ADO20

>>解説

これは英国車党でも難問だろう。ADO の意味には、Austin Drawing Office、Austin Design Office、Amalgamated Drawing Office など諸説あるが、いずれにせよ BMC 内での開発コードを指す。1959 年登場の ADO15 のミニより番号の若い ADO13 が、1958 年に登場したオースチン・ヒーレー・スプライト（Mk.Ⅰ）だ。ちなみに"ADO16"はミニと同じ FWD レイアウトを踏襲しながら、さらに大きいオースティンやモーリス、MG、ヴァンデンプラなどの 1100/1300 モデルの開発コード名。

オースチン・ヒーレー・スプライト・マークⅠ

>>答え ①

>>ポイント

こうしたピンポイントの難題は 1 級でも希有だが、ミニより登場年が早いということを知っていれば推察できる。

Question 068

キャブレター、霧吹き、エアブラシなどに共通する流体の性質を利用し、接地性を高めたレーシングカーはどれか。

① シャパラル 2F
② ロータス 72
③ ロータス 78
④ ティレル P34

>>解説

ここの設問で触れている流体の性質とは、いわゆるベンチュリー効果のあるクルマはどれかということだが、該当するのは③だ。チャプマンは前作の 77 から試みていたが、本格的に効果を発揮し始めたのは 78 で、79 で完成の域に達した。ロータス 78 だけでなく、他の 3 車もレーシングカーに空力的な革命をもたらした。①は高く掲げたウィングが発する下向きの力により後輪の接地性を高めた。②はウィング禁止後、ボディをウェッジシェイプとすることで、ボディ全体でダウンフォースを発生させようという先進思想の塊。④は 6 輪にしてフロントタイヤのハイトを下げ、前面投影面積を抑えるとともに操縦性の変化を穏やかにするスポーツカーノーズの先駆でもあった。

ロータス 78

>>答え ③

>>ポイント

ロータスのコーリン・チャプマンはまさに F1 設計の革命児。出題のネタが豊富な F1 設計者である。

Question 069

マツダ・プレマシーとプラットフォームを共用しないモデルは、次のうちどれか。

① ボルボ V50
② フォード・フォーカス
③ ルノー・メガーヌ
④ マツダ 3

>>解説

いずれも C セグメントに属するクルマだが、ボルボ V50、フォード・フォーカス、マツダ 3 に共通するのは"フォード C1 プラットフォーム"を元にして作られていること。このプラットフォームはマツダがアクセラで採用したもので、同じフォード・グループに属する各メーカーがその後に作る C セグメント車に採用していった。2 世代目のプレマシーも同様だ。ちなみにマツダ 3 とはアクセラの輸出名。かつてファミリアが呼ばれていたマツダ 323 に代わるものである。

>>答え ③

>>ポイント

最近は開発コストの抑制のために主要部品の共用化が各メーカー間で行なわれている。しかしそれが可能なのは、資本あるいは技術提携が結ばれているメーカー間でというのが前提になる。そう考えるとクルマのことはわからなくてもメーカー間の関係だけで答えが出る可能性は高い。選択肢に挙げられた 4 つのメーカーを見ると、ボルボ、フォード、マツダは同じグループを形成している（2009 年 3 月現在）が、ルノーだけは別個の存在だ。

Question 070

次のF1ドライバーのうち、ポーランド国籍を持つのは誰か。

①フェリペ・マッサ（フェラーリ）
②ロベルト・クビサ（BMW ザウバー）
③フェルナンド・アロンソ（ルノー）
④エイドリアン・スーティル（フォース・インディア）

>>解説
当初はまださほど知られていないからという理由で出題されたが、その後の活躍でいまや3級にもならないくらい平易になってしまった問題だ。ポーランド国籍のF1現役ドライバーはロベルト・クビサだ。他の3人は、マッサがブラジル、アロンソがスペイン、スーティルはドイツ人だ。

>>答え ②

>>ポイント
F1がドライバーのためのチャンピオンシップであるだけに、参加するドライバーの国籍は話題になる。F1に参加するチームも最近は移り変わりが激しいので、成り立ちや推移にも気を配っておきたい。

Question 071

2008年、起死回生を狙うホンダF1チームが、フェラーリから引き抜いた「頭脳」とは誰か。

①ロス・ブラウン
②パット・シモンズ
③C. エイドリアン・ニューウィー
④ジャン・トッド

>>解説

答えはロス・ブラウン。彼はミハエル・シューマッハーと長い間コンビを組み、多くの成功を収めてきたが、シューマッハーの引退とともに自身も1年間の休暇をとり、いざF1界に復帰というときにホンダが首尾よく契約したということだ。チームでの指揮が的確であるのは以前から定評がある。2009年からは撤退したホンダからチームを買い取り、破竹の快進撃を開始した。

>>答え ①

>>ポイント

F1界の影の立役者に関する問題は現在、過去を問わずぜひ押さえておきたい。とくにミハエル・シューマッハーのデビュー以来の大活躍の裏には成功を支えた多くの技術者がいる。ロス・ブラウン、ロリー・バーン、そしてパット・シモンズだ。

Question 072

前開き／後ヒンジのドアは、走行中に開くと危険であるため1960年代に各国で禁止されるようになる。では、このタイプのドアは当時、英国で何と呼ばれていたか。

① old style
② front open door
③ cannon door
④ suicide door

>>解説

この開閉方式は、ある時期まではヨーロッパではごく一般的であり、日本でも1955年登場のトヨペット・クラウンで観音開き式の一部として使われたほか、スバル360も採用していた。英国ではあまりに危険ということで、スーサイド・ドア＝自殺ドアと呼んでいた。

ルノー4CVも前ドアが後ヒンジの前開きだ

>>答え ④

>>ポイント

前開きドアは、走行中になんらかの理由でロックが外れると、走行風で開いてしまう。近年には、GMのサターン・クーペやマツダRX-8、ロールス・ロイス・ファントムのリアドアに採用例があるが、安全対策をとった上での採用だ。

Question 073

日本で初めて開催された24時間レースはどのレースか。

①鈴鹿24時間レース
②富士24時間レース
③筑波24時間レース
④十勝24時間レース

>>解説

24時間レースといえばルマン24時間が有名だが、海外では古くからデイトナ24時間、スパ24時間、ニュルブルクリング24時間なども行なわれており、現在でも幅広い人気を得ている。日本では1967年4月に行なわれた富士24時間レースが最初のレース。トヨタ2000GTが1-2フィニッシュして耐久性を実証してみせた。富士は翌年も開催されたが、それ以降はない。現在は1994年から続いている十勝24時間レースが唯一の自動車による24時間レース。

>>答え ②

>>ポイント

欧米では歴史ある24時間レースがいまもなお継続運営されているのは、耐久レースというものが確固たる地盤を築いているからだ。

Question 074

スポーツカーレース界において、世界で最初にディスクブレーキを採用したのはどのメーカーか。

①ポルシェ
②アルファ・ロメオ
③ジャガー
④メルセデス・ベンツ

>>解説

最初にスポーツカーレースにディスクブレーキが登場したのは1953年。ジャガー・チームが当時の主力マシーン、Cタイプに搭載してルマン24時間に参加したのが初である。それまでのレーシングスポーツカーのブレーキは、ホイールのリムいっぱいにフィンを切ったドラムブレーキで、いかにも制動力のありそうな出で立ちだった。それに対して、ホイールの裏に隠れたディスクブレーキは頼りない感じだったという。しかし効果は絶大、レースではこのルマンが最後の出走となるCタイプが見事優勝を飾り、また参加した4台がすべて完走を果たすなど信頼性の高さも示した。

ジャガーCタイプ

>>答え ③

>>ポイント

量産車に採用される比較的新しいメカニズムは、まずレースで使用され、効用と信頼性を確認したのち採用されるということが多い。

Question 075

かつてカルロ・キティの助けを借りてF1エンジンを製作した日本の自動車メーカーは、次のうちどれか。

① 三菱
② いすゞ
③ スバル
④ ニッサン

>>解説

この4つのメーカーのうちF1エンジンの製作を公表したことがあるのは、いすゞと富士重工（スバル）のみ。いすゞは1991年に3.5ℓのV型12気筒を製作、当時市販車のいくつかに"ハンドリング・バイ・ロータス"仕様を設けるなど、関係の深かったロータスに載せて走行したこともある。富士重工はイタリアのモトーリモデルニ社とジョイントベンチャーの形で88年に3.5ℓ水平対向12気筒のレーシングエンジンを完成、90年シーズンをコローニ・チームからF1に参加したが、予備予選さえ通ることなく終わった。

>>答え ③

>>ポイント

モトーリモデルニとはどんな会社？というのも立派な設問になりそう。答えはカルロ・キティが率いるイタリアのエンジンコンストラクター。アウトデルタを率いるカルロ・キティは、F1エンジンの経験はフェラーリおよびアルファ・ロメオ時代から蓄積していた。

Question 076

1980年代中頃から末にかけて、日産がインフィニティ、トヨタがレクサス、ホンダがアキュラという北米向け高級車ブランドを設立したが、同時期に企画されながら結局中止になったマツダのブランド名はどれか。

①アマティ
②ユーノス
③ミレーニア
④ベリーサ

>>解説
詳細は明らかにされなかったが、アマティ・ブランドで販売すべく、新設計の12気筒エンジンを搭載した高級車を開発していたほか、付加価値車ミレーニア（ユーノス800）なども販売する予定だった。

>>答え　①

>>ポイント
好調な経済状況のなかで、マツダは日本の国内においても販売チャンネルを増やし、マツダ、オートラマ、オートザム、ユーノス、アンフィニの各店による5チャンネル制を敷いた。

Question 077

クラシック・ミニ（ADO15）に採用された特徴的なラバーコーン・サスペンションの生みの親といえば誰か。

①アレックス・モールトン
②アレック・イシゴニス
③ジョン・クーパー
④フランク・コスティン

>>解説

ミニの設計者といえばアレック・イシゴニスだが、ラバーコーンを使ったオリジナル・サスペンションはアレックス・モールトンが手掛けた。モールトンはゴムの持つ非線形（プログレッシブ）特性に注目、自動車のサスペンションに使用することについては、29のパテントを取得している。モールトンは同時に自転車にも興味を抱き、小径の高圧タイヤとサスペンション付きの独創的な自転車を考案、その衝撃吸収にもラバーコーンを利用した。それが今日まで続くモールトン自転車である。

>>答え　①

>>ポイント

アレックス・モールトンといえばラバーコーンをサスペンションに用いたことでよく知られるが、ADO16のハイドロラスティック・サスペンションやアレグロ、マキシなどのハイドラガスもモールトンの考案によるもの。

Question 078

2004年をもって消滅した、GMのもっとも長寿を誇ったブランドはどれか。

① オールズモビル
② ポンティアック
③ サターン
④ ジーオ

>>解説

GMの歴史は知らなくても近年のGMにどんなブランドがあったかを知っていれば解が出る。この4つのブランドのうちサターンとジーオはかなり新しい。サターンは80年代に設立され、鳴り物入りで日本にも販売拠点を築いたが2001年撤退、本国ではブランド継続中だが消滅は時間の問題。ジーオは89年から97年まで存在した廉価ブランドで、提携関係のある日本メーカーのクルマをバッジエンジニアリングで、主にシボレー系販売店で扱っていた。オールズモビルとポンティアックはGMの根幹をなすブランドだったが、前者は長いことヒット作がなく、GMのリストラ対象となって2004年に107年続いた歴史に幕を下ろした。

>>答え　①

>>ポイント

オールズモビルはランサム E. オールズによって1897年に創立、アメリカの自動車産業で最も古い歴史を誇る。その後複数のブランドが集まってできたGMにオールズも入るが、そこでは新しい技術を真っ先に採用する先進性を特徴とするブランドであり続けた。近年の代表的モデルはトロナード、カトラス、88、98といったところを覚えておこう。

Question 079

韓国のメーカー・雙龍（サンヨン）自動車のクルマではないのはどれか。

① カイロン
② ムッソー
③ レクストン
④ ジェネシス

>>解説
雙龍自動車は、SUV や RV を得意とする韓国の自動車メーカー。カイロン、ムッソー、レクストンは、ともに SUV で、ムッソーはメルセデスの 3.2ℓ ガソリンエンジンを搭載していた。ジェネシスはヒュンダイの高級セダン。

>>答え ④

>>ポイント
韓国や中国の大手自動車メーカーについては概要を掴んでおきたい。

Question 080

スウェーデンの航空機会社であった SAAB が自動車生産に乗り出し、最初に生産したモデルはサーブ 92 である。泥よけにつけたこのマークはなにを表すか。

① 2 ストローク 2 気筒エンジンであることを図案化
② 前輪駆動であることを図案化
③ 双発爆撃機を正面からみたものを図案化
④ 飛行機と自動車を会社の両輪とすることを図案化

>>解説

この図案をよく見ると、正面から見た双発機を図案化していることが分かる。サーブは 1937 年に航空機を生産するために設立され、Svenska Aeroplan AB(スウェーデン航空機会社)に由来している。第二次大戦後に自動車生産に乗りだし、1946 年には 2 ストロークの 2 気筒エンジンを搭載した前輪駆動車のプロトタイプ、92001 を完成させた。空力的な水滴形のボディ、モノコック構造などに、航空機製造で培った技術を用いた。1950 年には量産仕様の 92 を発売した。現在は GM との関係から、その動向に注目が集まっている。

>>答え ③

>>ポイント

1950 年代中頃から 60 年代中頃にかけて、サーブは軽量な前輪駆動車という特製を武器に、エリック・カールソンによってラリーで好成績を上げた。モンテカルロラリーでは、1962 年と 63 年に 2 度の勝利を収めている。

Question 081

1954年に発表された軽量でシンプルな小型大衆車、フライングフェザーについて間違っているのはどれか。

①設計者は富谷龍一氏
②最小のエネルギーで実用的な自動車を造ろうとした
③事務什器で知られる岡村製作所が製品化
④ 250ccの空冷V型2気筒エンジンをリアに搭載

>>解説

フライングフェザーは車体メーカーの住江製作所が製作し、1955年から販売を開始した軽自動車。住江製作所には、第二次大戦後にダットサンのボディ製造を手掛けたことから、日産自動車出身の富谷龍一専務がおり、富谷氏の理想とする小型車の生産に乗り出した。「羽根のように軽い」ことを理想としてフライングフェザーと名付けられ、前輪ブレーキを省略するなどの徹底的な簡素化を施す一方、当時の小型車の水準では画期的な四輪独立懸架を採用するなど意欲的なクルマだったが、商品性に欠け、市場から受け入れられることなく終わった。

>>答え ③

住江フライングフェザー

>>ポイント

1955年3月に発売されたときの価格は30万円だったが、すぐ38万円に値上げされた。1956年には生産中止されている。市販型の生産台数は50台以下といわれる。日本のシトロエン2CVを目指したことは明らかだが、あまりに簡素すぎた。

Question 082

これはトヨタ自動車が1947年に送り出した1リッタークラスの小型乗用車、トヨペットSAである。このクルマについて間違っている記述はどれか。

①バックボーンフレーム構造
②四輪独立懸架
③トヨペットの愛称は一般公募
④モーリス・マイナーを国産化

>>解説

小型車市場への参入を図るべくトヨタ自動車は、1947年に1ℓクラスの小型乗用車であるSA型を発表した。外観のデザインは流体力学を考慮したといわれる斬新なもので、機構的にも、バックボーンフレーム構造や四輪独立懸架など、最先端のメカニズムを採り入れている。同社の大型セダンが法人用を意図していたのに対し、SA型はオーナードライバー向けとしている。トヨペットの名称は一般公募されたものだ。

>>答え ④

>>ポイント

第二次大戦の終戦とほぼ同時に計画が始まったという、文字どおり日本における戦後初の新設計車だ。極めて先進的な乗用車だったが、まだ日本にはオーナードライバー向けのクルマが受け入れられる土壌はなく、少数を販売しただけで1952年に生産を終えた。

Question 083

1949年7月に発売されたシトロエン 2CV について述べている事柄で、間違っているのはどれか。

① 主に農村で使われることを前提に計画
② 前後にそれぞれエンジンを搭載し四駆としたモデルも存在した
③ 籠に入れた卵を割ることなく悪路を走破することを求めた
④ トーションバーによる全輪独立懸架

>>解説

極めてシンプルな構造を持ち、今までクルマを使ったことのない農民にとっても実用的なクルマが 2CV の設計に求められた。そのためにはどんな悪路も走破できる効率的なサスペンションが設計された。プロトタイプではトーションバーによる全輪独立懸架を採用していたが、生産型では一対のコイルスプリングを水平に置き、前輪と後輪とを結びつける関連懸架に変更された。

シトロエン 2CV

>>答え ④

>>ポイント

その徹底した合理性から生まれる強い個性ゆえに、2CV は自動車史において多くの話題を提供してきた。特にその成り立ちについても興味深い。

Question 084

このクルマは、ドイツ語でカビネン・ローラー(キャビン付きのスクーター)と呼ばれる超小型車だが、下のどれか。

① メッサーシュミット
② イソ・イセッタ
③ ハインケル
④ ゴッゴモビル

>>解説

カビネン・ローラー(キャビン付きのスクーター)は、二輪車のように雨に濡れることなく移動できる簡便なクルマとして、戦後のヨーロッパで数多く誕生した。イタリアのISOが手掛けたイセッタは、ドイツのBMWでも生産されたことは有名だ。ゴッゴモビルは農機具メーカーだったグラース社が1955年から販売したモデル。全長3mに満たない小さなボディに空冷2ストロークエンジンを積んだ。ハインケル、メッサーシュミットはともに航空機メーカーが手掛けた小型車。

>>答え ④

>>ポイント

第二次大戦後の疲弊したヨーロッパでは安い小型車の需要が多く、たくさんのカビネン・ローラーが誕生し、本格的な小型車が誕生するまでのあいだ市場で謳歌していた。

Question 085

下記の組み合わせで仲間はずれはどれか。

① ポルシェ 356 ／ VW ビートル
② アバルト 850TC ／ フィアット 600
③ アルピーヌ A110 ベルリネット ／ ルノー R8
④ AC コブラ 427 ／ シボレー・コルベット

>>解説

組み合わせは、後ろがベースとなった量産車、前がそのクルマから派生したスポーツモデルだ。いうまでもなく VW ビートルのコンポーネンツを使って、最初のポルシェ 356 が生まれているし、アバルトもアルピーヌも優れた小型量産大衆車から誕生した。だが、コブラとコルベットは成り立ち上、なにも脈絡はない。

>>答え　④

>>ポイント

優れた小型大衆車はモータースポーツの裾野を広げるとともに、これをベースにすることで安価ながら優れたスポーツカーが誕生した。

Question 086

2008年4月末で、1958年の発売以来の生産累計が6000万台に達し、輸送用車両の1シリーズとしては世界最多量産・販売台数を記録したのはどれか。

①ハーレーダヴィドソン FLH
②ヴェスパ 100
③ホンダ・スーパーカブ
④ヤマハ・メイト

>>解説

ホンダ・スーパーカブは、1958年に発売され、50周年を迎える2008年に生産累計6000万台という記録を達成した。現在では世界15か国で生産され、160か国以上で販売されている。

>>答え ③

>>ポイント

地球上で同型車が最も大量に生産されたのはスーパーカブだ。基本コンセプトは不変ながら、時代の求めによって進化を続けており、日本で販売されているモデルは環境に配慮して、2007年に電子制御燃料噴射システム（PGM-FI）を搭載した。

Question 087

昭和天皇の御料車で、その車体色から「赤ベンツ」と呼ばれていたのはどのモデルか。

① 600
② 300
③ 770
④ 500

>>解説

1931（昭和6）年から1935（同10）年にかけて、メルセデス・ベンツの頂点に立つ高級モデルの770グローサーが、第三代目の御料車として、7台輸入された。7.7ℓ V8エンジンを搭載し、5.6mの堂々たる体躯を持つ。ボディが黒と溜色（あずき色）の2トーンに塗られていたことから、「赤ベンツ」の名で親しまれた。

メルセデス・ベンツ770グローサー「赤ベンツ」（右）

>>答え ③

>>ポイント

現存する「赤ベンツ」の1台は、ドイツに里帰りしてシュトゥットガルトのメルセデス・ベンツ・ミュージアムに展示されている。

Question 088

トヨタが製作したニッサン・プリンス・ロイヤルに代わる新しい天皇御料車のパワーソースはなにか。

① レクサス LS600 h
② レクサス LS460
③ センチュリー V12
④ 専用設計の V16

>>解説

およそ40年にわたり御料車として使われてきたニッサン・プリンス・ロイヤルに代わり、2006年7月に納入されたのがセンチュリー・ロイヤルだ。センチュリーのイメージを踏襲しつつもまったく新規に製作されたリムジンで、パワーソースはセンチュリー用の1GZ-FE型5ℓV12エンジンだ。ボディサイズは、全長6155×全幅2050×全高1770mmと、ニッサン・プリンス・ロイヤルをほぼ踏襲する。

>>答え ③

>>ポイント

宮内庁は1台分の予算として5250万円を計上したことを明らかにしている。5台だけが生産される特別車としては極めて安価といえよう。

Question 089

アウディのスポーツモデルである「TT」の名称の由来はなにか。

①イギリスの歴史的なレースの名
②開発コードネーム
③ドイツの歴史的なレースの名
④アウトウニオンの歴史的なドライバーのイニシャル

>>解説

英国王領のマン島で1907年から開催されている、モーターサイクルレースのマン島TTレース（The Isle of Man Tourist Trophy Race）に由来している。アウディに限らず、スポーツモデルには歴史的なレースの名を冠する例が多い。マン島TTレースといえば、現代ではモーターサイクルのレースとして知られているため、四輪車の名称とは繋がりにくいかもしれない。

>>答え　①

>>ポイント

マン島TTレースの起源は、1904年にアイルランドのマン島で開催された四輪のゴードンベネット・トロフィーだ。英国が公道レースを禁止したことからマン島で行なわれるようになり、1905年には第1回の四輪TTレースが開催された。アウディはこの歴史的なレースの名をモデルに冠した。

Question 090

2009年春にデビューすると噂されるポルシェの4ドアモデルの名称「パナメーラ」は、何に由来するか。

① ドライバーの名
② 生産地の名
③ レースの名
④ テストコースの名

>>解説

1950年から54年にかけてメキシコで行なわれた公道レースの「カレラ・パナメリカーナ・メヒコ」にちなんだ命名である。356の生産開始から間もないポルシェは、この過酷なレースを、耐久テストと会社の名を知らしめるための舞台と捉え、1954年にはデビューしたばかりの550を持ち込んでクラス優勝を果たすという大成功を収めた。

ポルシェ・パナメーラ

>>答え ③

>>ポイント

カレラ・パナメリカーナ・メヒコでの成功以降、ポルシェは「カレラ（スペイン語でレースを意味する）」をモデル名に使っている。

Question 091

1958年に登場したスバル360の初期モデルの特徴で正しいのはどれか。

①ギアシフトのパターンが二輪車と同じ直線式
②ギアシフトのパターンが横H型
③コラムシフトが右チェンジ
④電磁クラッチ式の2ペダル

>>解説

日本車の発達史を語る上で欠かせない秀作車がスバル360だ。初期モデルはエンジニアの理想を具現化したかのようなピュアなモデルで、フロア式のシフトレバーは横置きのトランスミッションから余分なリンケージを介さずにつながっており、そのため横H型のパターンで市販化された。

スバル360

>>答え　②

>>ポイント

横H型のシフトパターンは一般的ではなかったから、使い勝手が悪く、1960年にギアボックスのシンクロメッシュ化を行なう際に、縦H型パターンに変更した。

Question 092

メルセデスのシルバー・アローの語源となったグランプリカーはどれか。

① W25
② W125
③ W196
④ C11

>>解説

1934年6月、ニュルブルクリンクで開催されるアイフェル・レンネンが事実上 W25 の初レース参戦となった。レース前夜の車検で、W25 が規定車重の 750kg をわずか 1kg 超えていることが判明。苦肉の策として急遽アルミボディに塗られた白い塗装を剥がして規定内に収めた。アルミの地肌を輝かせた W25 に乗るマンフレート・フォン・ブラウヒッチュがデビュー戦を飾った。

メルセデス・ベンツ W25 グランプリカー

>>答え ①

>>ポイント

このハプニングが起きるまで、ドイツのレーシングカラーは白色だった。ダイムラー・ベンツに続いて GP レースに参戦したアウトウニオンもシルバーで登場し、いつしかナショナルカラーはシルバーになった。メルセデスのシルバー・アロー（銀の矢）に対して、アウトウニオンはシルバー・フィッシュ（銀の魚）だ。

Question 093

通行料が基本的に有料となっている高速道路はどれか。

①ドイツのアウトバーン
②イギリスのモーターウェイ
③イタリアのアウトストラーダ
④フランスのオートルート

>>解説

超高速道路の代名詞でもあるドイツ・アウトバーンをはじめとして、世界には基本的に通行が無料の高速道路が多い。だが、イタリアは基本的に有料である。

>>答え ③

>>ポイント

こうした設問は時代の移り変わりによって変わることがあるので要注意。海外の情報は入手しづらいが、高速道路に限らず、日本の行政や状況についてもチェックしておきたい。

Question 094

3点式シートベルトの特許を持っているのは、どのメーカーか。

① メルセデス・ベンツ
② BMW
③ ボルボ
④ トヨタ

>>**解説**

パッシブセーフティの基本である3点式シートベルトを発明したのは、実直で安全な車作りで知られるスウェーデンのボルボで、1959年のことだった。3点式シートベルトが安全上非常に重要であることを認識したボルボは、特許を無償開放し、世界中のメーカーも3点式シートベルトを採用した。

>>**答え　③**

>>**ポイント**

安全対策といえばメルセデス・ベンツとボルボが、その対策が声高に叫ばれる以前から、積極的に取り組んでいた。3点式シートベルトの話はそのエピソードのひとつ。

Question 095

ロータス・エリーゼはアルミニウムを多用していたが、初期のシリーズ1において、アルミではなかったところはどの部分か。

① ブレーキローター
② サイドインパクトビーム
③ サスペンション・アーム
④ ボディ外板

>>解説
初期のエリーゼは凝りに凝っており、ブレーキディスクを含むシャシーのほぼすべてがアルミ製。だが、応力のかからないボディ外板にはFRPを用いている。

ロータス・エリーゼ

>>答え ④

>>ポイント
ロータスといえば、1957年に初めて量産車ながらFRP製フルモノコック・ボディを採用したエリートを送り出したことでよく知られている。次ぐエランではフレームはスチールながらFRPボディを採用。軽量で小型のスポーツカーは初期のロータスの代名詞といえるものだった。エリーゼはそうした初期のロータスのクルマ造りを彷彿とさせるモデルとして絶賛された。

Question 096

デュアル・クラッチ・トランスミッション（2つの出力軸を持ち、それぞれにクラッチを配する変速機）搭載モデルでないのはどのモデルか。

①ニッサン GT-R
②三菱・ランサーエボリューション X
③フェラーリ FXX
④ブガッティ・ヴェイロン

>>解説

ポルシェが試みた PDK に端を発し、VW グループが量産化に成功した DSG は、優れた 2 ペダル式ギアボックスと評されている。多くのスポーツカーのビッグネームたちが次々とデュアル・クラッチの採用を発表するが、フェラーリ FXX のギアボックスは DSG とは根本的に異なるものだ。

>>答え　③

>>ポイント

フェラーリ FXX の 800ps／8500rpm を発生する 6262cc の V12 エンジンと組み合わされるギアボックスは、基本的に F1 用から派生させたものという。1001ps のヴェイロンは DSG だ。

Question 097

AMG（メルセデス・ベンツの高性能バージョンとして知られる）は何の頭文字を合わせたものか。

①創業者の人名
②創業者の人名（複数人）
③人名と地名の合成
④標語の略

>>解説

AMGとは Aufrecht Melcher Grossaspach のこと。創業者でありパートナーであるハンス・ヴェルナー・アウフレヒトとエアハルト・メルヒャーのふたりのファミリーネームに、アウフレヒトの出身地であるグローザスパッハの頭文字を組み合わせたもの。

>>答え ③

>>ポイント

現在はダイムラーの傘下でメルセデス・ベンツの高性能・高級バージョンとして知られるAMGだが、元は独立した企業であった。メルセデスのサルーンをベースにした300SEL6.3で、サルーンカーレースに参加したことで、広く知られるようになった。

Question 098

以下のレーシングカーで、日野自動車製のエンジンをチューンナップして搭載していたのはどれか。

① MCS
② カムイ
③ サムライプロト
④ 紫電

>>解説

レーシングカーの選択肢から推察すると、日野製のエンジンとは、ルノーやコンテッサに搭載されていた4気筒エンジンだ。デイトナ・コブラのデザイナーとして知られるピート・ブロックが設計した「サムライ」のミドシップには、コンテッサ1300クーペのエンジンが搭載されていた。1967年の第4回日本グランプリに参戦すべく、ブロックとともにロスアンジェルスから来日したが、レギュレーションに合致しないことを理由に出走を許されなかった。

サムライプロト

>>答え ③

>>ポイント

現在では、日野自動車といえばトラックやバスなどの大型車専業メーカーとして知られているが、乗用車を生産していた時代には、コンテッサを使ってワークスレース活動を行っていた。また、ピート・ブロックはアメリカでは自身のレーシングチームでコンテッサを走らせていた。

Question 099

1946年にアメリカのプレストン・タッカーが開発に着手したタッカー・トーピードについて間違っているのはどれか。

①衝突安全性についてよく考えられていた
②空冷水平対向6気筒エンジンを搭載
③試作段階ではディスクブレーキを予定していた
④タッカー自身では生産化されずGMが計画ごと買収

>>解説

タッカーについては問題037でも出題した。安全性を主眼に設計され、衝撃吸収ボディ、シートベルトやディスクブレーキ、埋め込み式室内ドアハンドル、脱落式ミラー、脱落式フロント・ウィンドーなど、自動車史上で初めてとなる数多くの安全対策が施されていた。機構面も目新しく、水平対向の空冷6気筒エンジンがリアに搭載され、全輪独立懸架のレイアウトを採用した。また、安全性を考慮してディスクブレーキの装着も検討されていた。

>>答え ④

>>ポイント

もし、順調に市販化されていたら、アメリカの自動車産業に大きな影響を与えていたかもしれない。先進的な安全性といったクルマの詳細だけでなく、映画化されたこともポイント。

Question 100

次の略語のうち目指す機能がまったく異なるものはどれか。

① VVT
② VDC
③ ESP
④ DSC

>>解説

VDCとはトラクションとスタビリティを常時最適化するスバルのシステム、ESPはボッシュの横滑り防止装置、DSCはBMWが採用しているダイナミック・スタビリティ・コントロールと、いずれもトラクション・コントロールのことだが、VVTはトヨタやスズキが採用する可変バルブ機構の名称でエンジン内部に関する機構である。

>>答え　①

>>ポイント

近年のクルマの機構にはこうした略語が多いうえ、同様な機構であってもメーカーによって呼称が異なることもあり、なかなか意味が捉えにくい。頻繁に見かけるものだけでも覚えておきたい。

第2回 CAR検
自動車文化検定解答と解説
1級 2級 3級 全300問

初版発行	2009年6月15日
著者	自動車文化検定委員会 問題作成部会
発行者	黒須雪子
発行所	株式会社二玄社 〒101-8419 東京都千代田区神田神保町2-2
営業部	〒113-0021 東京都文京区本駒込6-2-1 電話03-5395-0511
URL	http://www.nigensha.co.jp
装丁・本文	倉田デザイン事務所
印刷	株式会社 シナノ
製本	株式会社 積信堂

JCLS (株)日本著作出版権管理システム委託出版物
本書の無断複写は著作権法上の
例外を除き禁じられています。
複写希望される場合はそのつど事前に
(株)日本著作出版権管理システム
(電話03-3817-5670 FAX03-3815-8199)の
了承を得てください。
Printed in Japan
ISBN978-4-544-40036-6

CAR検を勝ち抜くための必読書!

改訂版 自動車クロニクル

123年に及ぶ自動車発達史を網羅
1886年の自動車誕生から2008年の自動車不況までを年表形式で解説

自動車文化検定実行委員会テキスト作成グループ執筆・編集
A5判　260ページ　定価（本体1800円＋税）

極めたい人だけ、読んでください。
自動車超絶知識

第3回 自動車文化検定 開催!
2009年11月29日(日)

二玄社から好評発売中

二玄社

自動車文化検定のための参考書として
2008年春に刊行された書籍の改訂版。
クルマの歴史を扱う書物はほかにも存在するが、
本著は楽しみながら読み、
解き進めることのできる書籍として制作した。
このたび、さらに内容を充実させるため、
自動車界を揺るがした
2008年の世界的不況までの追加も含め、
加筆訂正を行なった。